ÖSTERREICHISCHE AKADEMIE DER WISSENSCHAFTEN
MATHEMATISCH-NATURWISSENSCHAFTLICHE KLASSE,
DENKSCHRIFTEN, 110. BAND, 4. ABHANDLUNG

Beziehungen zwischen einigen Formelementen und den Kleinschwankungen von Alpengletschern

VON

VIKTOR PASCHINGER

Korr. Mitglied d. Österr. Akademie d. Wiss.

MIT 3 TAFELN (5 ABBILDUNGEN)

WIEN 1963

IN KOMMISSION BEI SPRINGER-VERLAG WIEN

ISBN 978-3-211-86291-9   ISBN 978-3-7091-5789-3 (eBook)
DOI 10.1007/978-3-7091-5789-3
Reprint of the original edition 1963

Inhaltsübersicht

	Seite
Einleitung	5
1. Arbeitsziel und -methode	6
2. Kritik der diagrammatischen und glaziometrischen Grundlagen	7
3. Rechnerische Erfassung der glaziometrischen Einflüsse auf die Schwankungsformen	12
a) Der Variationsindex	12
b) Der Empfindlichkeitsindex	18
c) Der Potentialindex	19
4. Ermittlung der Vergleichswerte	21
5. Ergebnisse der einzelnen Serien	24
A. Walliser Alpen, Frühtermin	25
B. Walliser Alpen, Spättermin	27
C. Berninagruppe	29
D. Berner Alpen, Frühtermin	30
E. Berner Alpen, Spättermin	32
F. Ötztaler Alpen	34
G. Ostalpen, Frühtermin	36
H. Stubaier Alpen und Hohe Tauern, Spättermin	37
6. Analyse der Gesamtergebnisse	38
7. Die meteorologische Komponente	50

Einleitung

Wie die fließenden Gewässer, haben auch die Gletscher ein mechanisches Leben, das sich in der Form ihrer Bewegungen äußert, lediglich mit den Unterschieden, die sich aus den beiden Aggregatzuständen ergeben. Wer die grundlegenden Ausführungen in dem hydrotechnischen Werk „Der Flußbau"[1] durchsieht, erkennt sogleich, daß zahlreiche Analogien zwischen Flüssen und Gletschern bestehen, so hinsichtlich des Eintrittes der Extreme und der Dauer eines Hochwassers, Erscheinungen, die ohneweiters auf Beginn, Intensität und Dauer eines Gletschervorstoßes übertragen werden können. Aber weitaus rascher vollziehen sich Anfall und Abfuhr aus der Sammelmulde der Bäche, vergleichsweise sehr rasch steigt und fällt ein Hochwasser selbst in großer Entfernung vom Ursprungsgebiet, so daß mit den meteorologischen Aufzeichnungen über Art und Ergiebigkeit der Niederschläge fast parallel und synchron die Markierungen der Pegelstände erfolgen. Wenn auch durch Form und Größe des Einzugsgebietes, durch Länge und Gefälle der Abflußrinne, durch Einschaltung von natürlichen oder künstlichen Retentionsbecken bis zur Erreichung des Endprofils Beschleunigungen und Verzögerungen mit verschiedenen Wasserständen eintreten, so spiegeln sich doch im meteorologischen Ablauf alsbald auch die hydrologischen Wirkungen. Bei den Gletschern sind analoge Vorgänge wie durch eine gewaltige Zeitlupe auf Monate oder Jahre erstreckt; allmählich erst stellt sich ein hinreichender Zuwachs an festem Niederschlag ein, noch langsamer dessen Umbildung in Firn und Eis, ebenso das Abfließen, somit Beginn und Ende einer Schwellung. Wie im Flußsystem gibt es auch bei den Gletschern ein Einzugsgebiet, eine Abflußrinne, gibt es Zubringer, Sturz- und Stauräume. Diese morphologischen Gegebenheiten können ihren Einfluß auf den Ablauf der Bewegungen in weit höherem Maße zur Geltung bringen als es bei den fließenden Gewässern der Fall ist.

Seit man sich mit dem Problem der Gletscherschwankungen befaßt, sind daher die Hinweise immer häufiger und deutlicher geworden, daß zu den meteorologischen Bedingungen einer Vergletscherung auch orographische ihrer Umrahmung treten. Das Gelände beeinflußt nach der alten Faustregel Woeikows durch Hohl- und Vollformen nicht nur die meteorologischen Amplituden, sondern entwickelt auch mechanische Faktoren, deren Auswirkungen mehr und mehr beachtet werden. Ed. Richter[2] legte das Hauptgewicht auf Größe und Böschungsverhältnisse der Gletscher. Auf andere Weise hat der Glazialphysiker H. Heß[3] durch Einführung von Schlüsselbegriffen aus der Gestalt und den Maßen von Firnfeld und Zunge eine Reihe weiterer orographischer Argumente beigetragen. Die Wirkung der Exposition gegen Sonne, Niederschläge und Winde hat man, soweit es sich um Einflüsse auf das individuelle Verhalten der Gletscherzunge handelt, überschätzt, und das große Gewicht, das man auf die Lage der Gletscherenden legte, ließ sich nicht mehr halten, seit man aus zahlreichen Nachmessungen weiß, daß auch annähernd gleich hoch gelegene Gletscherenden ein ganz verschiedenes Verhalten im Schwankungszyklus aufweisen. Drygalski—Machatschek[4] fanden daher zu einer durchgreifenden Auffassung: Es müssen andere Ursachen, und zwar „in entscheidender Weise mitwirken und diese können nur in den verschiedenen orographischen Verhältnissen der Firnfelder wie der Zungen gesucht werden". Die sekundären Vorstöße der Alpengletscher im zweiten Dezennium unseres Jahrhunderts haben sich nach R. Klebelsberg „besonders nach Maßgabe der Formverhältnisse" gebietsweise ganz verschieden geäußert[5].

Nur wenn die Faktoren der Ernährung und Abtragung im Eishaushalt integriert, gleichzeitig und weiträumig auftreten, überwinden sie die lokalen Widerstände der Begünstigungen, so daß es zu Schwankungen höherer Ordnung kommt, bei geringerer Intensität und disjunkter Verbreitung der meteorologischen Attribute macht sich aber die in Bau,

Gestalt und Lage begründete Eigenart bemerkbar, so daß man schon seit längerem zur Überzeugung gekommen ist, daß die Gletscher hinsichtlich ihrer Bewegungserscheinungen als Individien anzusehen sind. Derartige individuelle Abweichungen in den Schwankungserscheinungen vom benachbarten Gletscher können auch deshalb eher mit Erfolg aus den orographischen Grundlagen als aus dem meteorologischen Beobachtungsmaterial heraus geklärt werden, weil letzteres nur lokal in hinreichendem Maße zur Verfügung steht.

Nur dort sind die meteorologischen Gegebenheiten und Änderungen für den Typus der Gletscher bestimmend, wo das Gelände vom Eis überwältigt wurde, wie im Inlandeis und auf subpolaren Eiskappen (Island, Norwegen, Alaska) oder auf ausgedehnten Plateaus alpiner Gebirge (Übergossene Alm). Sonst überwiegt wohl der Einfluß des Reliefs, dem sich das Eis anpassen muß, in einem Grade, daß man neuerdings die Gletscher nach dem Maß der Übereinstimmung von Form und Inhalt eingeteilt hat.

In den Alpen sind, von einzelnen Fällen abgesehen, als in einem jungen oder verjüngten Gebirge die Einflüsse des Geländes maßgebend, und zwar je nach Aufbau und Gestein in verschiedener Weise. Solche differenzierte Einflüsse ließen sich im Lauf der Arbeit mehrfach feststellen, daher sich die Untersuchung gruppenweise mit besserem Erfolg durchführen ließ.

1. Arbeitsziel und -methode

Erstmalig hat H. Heß[3] vor mehr als 50 Jahren versucht, aus den Bauelementen von alpinen Gletschern eine Formel abzuleiten, die die Empfindlichkeit der betreffenden Eiskörper gegenüber den meteorologischen Einflüssen im Hinblick auf den früheren oder späteren Beginn einer Wachstumsperiode anzeigen sollten. In der Tat reagierten die Zungenenden auf Schwankungen des Firnauftrags in den G r u p p e n vom Mt. Blanc bis zu den Zillertalern bei großen Gletschern mit 75%, bei kleinen mit 70% in Übereinstimmung mit der Größe des Empfindlichkeitskoeffizienten und des gegen Osten verspäteten Eintrittes der Schwankung. Freilich bestehen im e i n z e l n e n Differenzen bei gleich großen Koeffizienten, so zwischen Gletschern des Wallis und des Zillertales von 12 bis 16 Jahren, zwischen Zigiorenove und Diem mit 14 Jahren, zwischen Rosenlaui und Übeltalferner mit 21 Jahren; aber im allgemeinen besteht die Empfindlichkeitsformel von Heß zu Recht.

Bei den folgenden Untersuchungen handelt es sich aber nicht um derartige Beziehungen zwischen Relief und Schwankungsterminen, sondern um die Frage, ob die Ergebnisse der Gletschernachmessungen sich auf gewisse orometrische Gegebenheiten der Gletscher zurückführen lassen. Dafür wurde folgender Vorgang eingeschlagen: In ein Koordinatensystem mit der Abszisse = 0 wird das jährliche positive, bzw. negative Ergebnis als selbständiger Posten, nicht als Teil einer Summe vorangehender, eingetragen. Die Verbindung der Standpunkte ergibt ein Diagramm, das ein Abbild der Bewegungserscheinungen der Gletscher ist. Die Kurve kann nämlich in drei Komponenten zerlegt und ausgewertet werden: 1. Die von der Kurve und der zugehörigen Abszisse umschlossene Fläche ergibt für einen bestimmten Zeitraum die mittlere S c h w a n k u n g s b r e i t e; 2. Die Länge der Kurve gibt gemessen an der Länge ihrer Basis ebenfalls ein Vergleichsmaß, die B a s i s e n t w i c k l u n g. 3. Die Z a h l   d e r   W a c h s t u m s s p i t z e n im gleichen Zeitraum bringt ein Maß der zeitlichen Abstände der Schwankungen. Für diese drei Merkmale sind aus den Formelementen der Gletscher — nennen wir sie glaziometrische — jene Formeln abzuleiten, die den Messungsergebnissen adäquate Rechnungsergebnisse zur Seite stellen. Diese Formeln, in Anlehnung an mechanische Gleichungen i n t u i t i v gewonnen, ergeben keine b e n a n n t e n, sondern V e r g l e i c h s w e r t e in der Reihung der Messungswerte der Gletscher einer Gebirgsgruppe. Wenn die beiden Reihen bis auf kleine Differenzen, die z. T. in Fehlerquellen der Nachmessung und der glaziometrischen Elemente liegen, übereinstimmen, dann werden gewisse Beziehungen zwischen dem Rahmenrelief und den Schwankungserscheinungen bestätigt werden und diesbezügliche Einblicke möglich sein.

Das quellenmäßige Material bieten die Nachmessungen der Ost- und der Schweizer Alpen, durchgeführt im wesentlichen von ehrenamtlich Beauftragten der führenden alpinen Vereine Österreichs[6], Deutschlands[6] und der Schweiz[7], die in verdienstvoller Weise seit 70 Jahren eine reiche Schwankungsstatistik erstellt haben. Die in ihren Berichten veröffentlichten Daten sind freilich nicht ganz gleichartig, worauf wir noch zurückkommen werden. Es war gerade noch möglich, für eine größere Gebirgsgruppe oder mehrere strukturell verwandte eine hinlängliche Zahl möglichst lückenloser Reihen von 15- bis 20-jährigen Messungen zu erhalten. Da der erste Weltkrieg fast überall eine mehrjährige Unterbrechung mit sich brachte, wurden die vorangehenden und die nachfolgenden in zwei gesonderten Reihen zusammengefaßt, was auch dem sehr verschiedenartigen Schwankungstypus vor und nach 1920 entspricht. Die aus den Diagrammen (Abb. 1, Taf. I—III) abgeleiteten Bewegungsformen (Schwankungsbreite, Basisentwicklung und Spitzenzahl im Jahrzehnt) bilden den feststehenden Kataster, mit dessen Zahlenreihen die aus den Formeln errechneten Ergebnisse möglichst übereinstimmen müssen, wenn letztere bestehen wollen.

Zur glaziometrischen Bearbeitung sind Karten größeren Maßstabes, wenigstens 1:50.000, notwendig, Karten mit hinreichender Kotierung, vor allem Isohypsen über Eisflächen. Daher können die Blätter der Schweizer Dufour-Karte und der alten österreichischen Spezialkarte nicht verwendet werden; für die Schweizer Gletscher haben aber schon die in den achtziger Jahren erschienenen Blätter des Siegfried-Atlasses (1:50.000) engständige Isohypsen, so daß sie für die Gletscher der Jahrhundertwende sehr brauchbare Grundlagen bieten. Für die Ostalpengletscher sind es zunächst die großmaßstäblichen Karten des D. u. Ö. A. V., die für den späteren Termin seit 1930 durch die Österreichische Karte in den Maßstäben 1:25.000 und 1:50.000 vorteilhaft ergänzt oder ersetzt werden, während für die Schweizer Gletscher die Neue Landeskarte der Schweiz (1:50.000) allen Anforderungen entspricht.

Den Karten wurden die für die Vergleichsrechnungen notwendigen glaziometrischen Unterlagen entnommen, die sich auf die Höhe der Gletscherenden, auf die Lage und Länge der Staulinie, auf die wahren Flächen von Nähr- und Zehrgebiet, von Firnfeld und Zunge, auf die projizierte und wahre Länge von Firnfeld und Zunge, auf den mittleren Böschungswinkel beider beziehen. Abschnitte des Firnfeldes, die nicht zur Zunge gerichtet sind, sondern seitlich in toten Raum auslaufen, werden in den Längen- und Flächenausmessungen nicht berücksichtigt, daher die so ermittelten Areale nicht mit den geodätisch gewonnenen übereinstimmen müssen, abgesehen davon, daß es vom Zeitraum der verwerteten Gletschernachmessungen abhängt, in welchem Grade die in der Karte eingetragenen festen Aufragungen, Felsfenster und Wände berücksichtigt werden können (Abb. 2, Taf. III). Die Flächenmessungen wurden mit einem Polarplanimeter der Firma „Gebrüder Haff—Pfronten" (Serie 5131) durchgeführt. Es lag nicht im Ziele der Arbeit, auf einige Hektar genaue Ergebnisse zu erzielen, die übrigens wegen der rasch wechselnden Böschungsverhältnisse und der detaillierten Verzahnung von Firn und Fels an den Gletscherrändern ohnehin kaum erreicht werden können. Diese für die Gletscher einer Serie in einer Tabelle zusammengefaßten glaziometrischen Daten sind die Grundlage für die Berechnung der aus dem Eiskörper abgeleiteten Bewegungsimpulse, deren Reihung innerhalb der Serie nun mit der aus den Diagrammen gewonnenen verglichen werden kann.

2. Kritik der diagrammatischen und glaziometrischen Grundlagen

Wer an Gletschern Nachmessungen zum Zweck der zahlenmäßigen Festlegung von Schwankungen durchgeführt hat, weiß, daß manchmal Zweifel auftauchen, ob die Messung den wahren Rückgang oder einen durch Schnee- bzw. Firnkrägen verschleierten, durch Umspülung oder Schollenabbruch unsicheren Wert bietet. Sind mehrere Messungsmarken an der Zunge angebracht, die im Ablauf der Jahre aus zwingenden Gründen aufgelassen und durch neue ersetzt werden müssen, so fragt es sich, ob die Mittelbildung eine für die Abschmelzung repräsentative Zahl ergibt. Stirnmarken, wie sie in der Schweiz üblich sind, hält man für günstig, weil seitliche Marken unter Umständen bereits eine Änderung anzeigen, die das Zungenende noch gar nicht erreicht hat. Manche Gletschermesser pflegen in zweifelhaften Fällen die Zahl mit einem Fragezeichen zu versehen oder mit einem Vermerk überhaupt zu eliminieren. Es entsteht dadurch eine oft recht mißliche Lücke in der Messungsreihe, die man nicht ohneweiteres interpolieren darf, es sei denn, daß benachbarte Gletscher gleichzeitig eine bestimmte Tendenz anzeigen und der fehlende Wert überhaupt nur klein sein kann. In den vorliegenden Diagrammen wurden einzelne Lücken ergänzt, in den Messungsberichten manchmal besonders auffallende positive oder negative Extreme dann ausgeschieden, wenn der zeitliche Schwankungstypus dadurch eine mehr zufällige als natürliche Änderung erfahren würde. Hält man sich vor Augen, daß die Messungsberichte bei allen Vorsätzen, die in Gletscherkursen und in der Literatur propagierten Richtlinien einzuhalten, doch subjektiven Einflüssen ausgesetzt sind, so wird man die aus den Messungen herrührenden Fehlerquellen mit 5 bis 10% in den Rechnungsergebnissen berücksichtigen dürfen.

Keine Beobachtungen liegen in den vergletscherten Ostalpen — von vereinzelten Angaben abgesehen — aus der Tuxer- und Reichenspitzgruppe, ferner aus der Granatspitz- und Schobergruppe vor, nur vereinzelte aus der Glocknergruppe und der Silvretta; von den zahlreichen kleinen Gletschern der Kalkalpen kommen, abgesehen von den meist nur kurzdauernden Kontrollzeiten, wegen der von normalen Gletschern abweichenden Typen der Plateau-, Kliff- und Schluchtgletscher keine in Betracht. In der Schweiz sind eigentlich alle vergletscherten Gruppen gut vertreten, mit Ausnahme der Diablerets, deren Gletscher zu klein sind oder kalkalpinen Typus haben. Wohl stehen zahlreiche Gletscher der italienischen Südseite der Alpen unter Kontrolle, aber sie bieten nur lückenhafte oder zu kurze Reihen, so daß sie nicht mit den schweizerischen oder österreichischen Gletschern in Vergleich gestellt werden konnten. Das betrifft leider auch die Ortlergruppe mit ihrem reichen Gletschervorkommen.

Sind schon wegen der Mängel der Messungsreihen nicht alle kontrollierten Gletscher für die Zwecke unserer Arbeit geeignet, so mußte auch aus den geeigneten noch eine Anzahl ausgeschieden werden, nämlich solche, die als bloße Hanggletscher nicht die Funktion der Stauung, der Zungenbildung, einer dahin konzentrierten Bewegung aufweisen, allenfalls auch einer charakteristischen Abschmelzungsfläche entbehren, in mehreren Lappen enden; dasselbe gilt auch für solche Gletscher, deren Zunge nur mehr rudimentär ist, so daß sie nicht mehr in die Reihung heutiger, vielleicht aber in die der Stände um die Jahrhundertwende sich fügen.

Leider wurden und werden zahlreiche Gletscher nicht regelmäßig jährlich, sondern nur alle zwei bis drei Jahre oder überhaupt in unbestimmten Terminen vermessen, ja ganze Gebirgsgruppen nur in mehrjährigen Intervallen, wie die ausgezeichnete Objekte bergende Venedigergruppe, viele der Glockner-, Sonnblick-, Silvretta- und Stubaiergruppe. Die allen Gletschern gemeinsame Schwankung ist ja ein Jahreszyklus. Schon zweijährige Messungen gleichen den Ablauf der Änderungen aus und sind für unsere Zwecke nicht geeignet, die aller Einflüsse des Milieus in klarer Form bedürfen. Probeweise Versuche, mit den zweijährigen Nachmessungen der Venedigergruppe zu geeigneten Ergebnissen zu gelangen, scheiterten sogleich. Denn sie zeigen deutlich die Kompensation charakteristischer Spitzen, die Verflachung der Kurven, die Streckung der Variationsphasen, kurz, sie ergeben ein Zerrbild, das mit den Daten aus einjährigen Messungen nicht verglichen werden kann.

So gelingt es also nur mit Mühe, für die einzelnen Gruppen rund zehn Gletscher zur Bearbeitung heranzubringen, eine Zahl, die gerade hinreicht, um die regional-glaziometrischen Einflüsse auf die Gletscherschwankungen zu erfassen. Erst seit der Jahrhundertwende liegt eine hinreichende Zahl von regelmäßigen Nachmessungen vor, so daß wir um diese Zeit die ältere Serie beginnen lassen, die durch einen schwachen, durch sekundäre und partielle Vorstöße unterbrochenen Rückgang charakterisiert ist und bis etwa 1920 anhält. In der folgenden Serie tritt der ungestörte Gletscherschwund zunehmend in Erscheinung, bis nach 1940 eine stürmische, nur mehr schwer kontrollierbare Entwicklung einsetzt, vor der wir die spätere Serie abschließen.

Wie schon gesagt, kann man aus den Schwankungskurven drei Formen der Bewegung entnehmen: 1. F l ä c h e n m ä ß i g wird die Schwankungsbreite erfaßt, das ist die Fläche, die durch die Kurve der Jahresstände über und unter der Nullinie (Abszisse) eingeschlossen ist, zu Vergleichszwecken reduziert auf zehn Jahre; die Flächen liegen zwischen einigen hundert und mehreren tausend mm², entweder planimetrisch oder durch Auszählung der Quadrate auf dem Millimeterpapier ermittelt*). Diese Vergleichszahl ist ein Maß für die Energie, die ein Gletscher seiner Stirn aufzwingt. Die Energie P ist vom Areal des Gletschers und der Zunge, von den meteorischen Werten der Zu- und Abfuhr von Schnee, bzw. Firn und Eis abhängig. Manchmal zeigt sich selbst bei großen Gletschern eine geringe Energie, wie beim Fieschergletscher, der mit nur 562 mm² Schwankungsfläche hinter allen Gletschern des Berner Oberlandes, darunter viel kleineren, zurückbleibt, und nicht anders bei der Pasterze (432 mm²), die hinter Kleinelend-, Schwarzenstein- und Gaisberggletscher liegt. Andererseits reihen manche Ötztaler Gletscher vor Wallisern und sonst bescheidene, wie der Fermunt in der Silvretta, bringen es zu größten Beträgen; die Entscheidung liegt eben in der Kombination der glaziometrischen Voraussetzungen.

2. Die jährlichen Beträge des Vorschreitens bzw. Rückganges des Eisrandes zeigen, in ein Koordinatensystem eingetragen, eine mehr oder minder rasche Aufeinanderfolge von auf- und abwärts gerichteten Spitzen, seltener flachen Abschnitten. Die Endpunkte der Spitzen ergeben Lagen beidseitig der Abszisse, eine Streuung, deren mittlere Abweichung berechnet werden könnte. Für uns ist aber wichtiger das Maß der Längenentwicklung der die einzelnen Punkte verbindenden Kurve. Die l i n e a r e Erfassung der Kurve D ist ihre Längenentwicklung aus der zugehörigen Basis d während der Zeitspanne e, bezogen auf zehn Jahre; man erhält dann aus 10 (D—d) : e den Prozentsatz der Kurvenentwicklung der Grundlinie. Die erhaltenen Beträge sind ein Ausdruck für die Empfindlichkeit des Gletschers (E), die keineswegs mit dessen Energie parallel geht, und noch mehr als die Schwankungsbreite den glaziometrischen Bedingungen unterliegt, von denen es wesentlich abhängt, wie die von der Schneesammlung im Firnfeld gebotenen Impulse auf das Gletscherende übertragen werden.

3. Es ist bekannt, daß die untergeordneten, kurzdauernden Schwankungen keine regelmäßige Pendelbewegung zeigen, sondern eine verschieden lange Phasendauer haben. Man erhält ein Vergleichsmaß für diese z e i t l i c h e Erfassung der Kurve dadurch, daß man die Zahl der in die Terminzeit fallenden Wachstumsspitzen auf ein Jahrzehnt, wie im Falle der Bewegungsformen 1 und 2, reduziert. Es werden nur solche Spitzen berücksichtigt, die sich mehr als 1 m über die vorangehenden und nachfolgenden Meßwerte erheben. Am Beginn und Ende des Termins oder in einer Lücke desselben aufwärts gerichtete Kurvenabschnitte werden als ½ Spitze gezählt. Die Vergleichsmaße liegen zwischen 1½ und 4½, das heißt im Jahrzehnt tritt durchschnittlich alle 7 bzw. alle 2 Jahre eine Wachstumsspitze auf. Bezeichnen wir sie als Variation, so handelt es sich dabei nicht um ein Zeitmaß für die Geschwindigkeit, sondern um im Gletscherbett vorhandene, den Eisabfluß störende, hemmende oder fördernde glaziometrische Gegebenheiten (Tabelle 1).

Diese Unterlagen können nicht ohne sorgfältige Überlegung im Hinblick auf die Bedeutung, die ihnen bei Berechnung der Wirklichkeit zukommt, aus der Karte entnommen werden. Das betrifft schon die Höhe der Gletscherenden, die zwecks möglichster Überein-

---

*) In Abb. 1, Taf. I—III, erscheinen die Flächen verkleinert. Das Ausmaß der Verkleinerung ist durch Eintragung der + 10 mm und — 10 mm Linie über bzw. unter der 0-Abszisse zu erkennen.

Tabelle 1

Gletscher	Messungstermin	Schwankungsbreite	reduziert	Basisentwicklung	reduziert	Spitzenzahl	reduziert
Serie A							
Saleina	1897—1918	2623	1249	281	22,28	7	3,23
Gorner	1897—1908, 1910—1916	1151	677	176	3,53	5	2,94
Allalin	1897—1913	828	518	231	44,37	4 ½	2,80
Ferpècle	1897—1917	2161	1080	282	41,0	6	3,0
Turtmann	1897—1904, 1906—1917	1888	1044	363	48,9	5	2,78
Zinal	1897—1915	3505	1947	271	29,0	6	3,33
Zigiorenove	1897—1902, 1904—1914	4395	2930	292	94,6	4	2,67
Grd. Desert	1897—1918	2646	1260	344	63,8	6 ½	3,1
Valsorey	1898—1916	516	287	190	5,6	4 ½	2,5
Serie B							
Saleina	1918—1920, 1922—1936	2075	943	241	50,3	5	2,78
Gorner	1916—1936	2165	1083	215	7,5	6 ½	3,25
Allalin	1916—1936	2739	1370	279	39,5	6	3,0
Ferpècle	1917—1936	1613	849	241	26,8	6 ½	3,42
Turtmann	1917—1936	1843	970	285	50,0	8	4,21
Zinal	1915—1929, 1932—1936	1630	906	325	80,5	7	3,89
Zigiorenove	1914—1917, 1919—1931, 1933—1936	3066	1703	301	67,2	5 ½	3,06
Grd. Desert	1918—1936	2414	1391	242	34,4	5	2,78
Valsorey	1916—1927, 1930—1935	1465	928	181	13,15	3	1,87
Fee	1918—1920, 1922—1936	1660	1038	204	13,3	5 ½	3,44
Serie C							
Morteratsch	1897—1911, 1916—1932	1832	727	371	38,7	4	2,5
Roseg	1897—1913	2814	1759	423	164,4	6	3,75
Palü	1898—1914	3010	1881	268	67,5	7	4,37
Forno	1898—1919	1732	1082	195	21,9	5 ½	3,44
Picquogl	1897—1910, 1912—1914	1125	750	212	41,3	5 ½	3,67
Porchabella	1899—1914	1117	743	184	22,7	5	3,33
Tambo	1898—1908	567	436	165	26,9	3 ½	3,5
Serie D							
Lötschen	1897—1904, 1906—1914	850	567	196	30,67	4	2,67
Rhône	1897—1903, 1906—1909, 1911—1914	1805	1390	204	57,0	4	3,08
Ob. Grindelwald	1897—1910, 1912—1914	2316	1544	288	92,0	4 ½	3,0
Brunni	1900—1913, 1915—1916	1944	1388	217	55,0	4 ½	3,21
Stein	1897—1905, 1908—1918	1040	578	240	33,3	6 ½	3,61
Hüfi	1900—1903, 1905—1915	1344	1034	247	90,3	4	3,08
Kartigel	1897—1902, 1904—1917	1011	562	239	33,3	6 ½	3,42
Kehlefirn	1899—1904, 1906—1915	1684	1203	308	120,0	4	2,86
Lavaz	1906—1921	1972	1315	224	49,3	5	3,33
Serie E							
Aletsch	1916—1936	2797	1399	292	46,0	6	3,0
Fiescher	1915—1919, 1921—1936	1067	562	251	32,1	4 ½	2,37
Rhône	1917—1936	2506	1316	335	76,3	6	3,16
Ob. Grindelwald	1917—1933	2984	1865	321	100,6	4 ½	2,81
Unt. Grindelwald	1917—1925, 1927—1933	1869	1335	385	139,0	4	2,86
Unteraar	1915—1932	1724	1034	183	7,65	4 ½	2,65
Stein	1918—1936	1084	602	210	16,67	4 ½	2,5
Hüfi	1915—1928, 1930—1936	2025	1065	408	114,7	5 ½	2,89
Lötschen	1916—1920, 1922—1935	2918	1716	328	92,9	4 ½	2,65
Brunni	1922—1936	994	710	196	40,0	6	4,28
Serie F							
Gaisberg	1924—1929, 1931—1936, 1941—1952	1467	703	222	6,2	5 ½	2,62
Rotmoos	1924—1938, 1941—1947	2855	1447	280	40,0	6 ½	3,25
Langtaler	1924—1937, 1942—1950	2524	1202	265	26,7	7	3,33
Diem	1924—1939, 1941—1950	2674	1114	336	43,8	7	2,92
Marzell	1922—1928, 1923—1939, 1940—1948	3867	1933	454	125,0	6 ½	3,25
Schalf	1932—1939, 1941—1949	2932	1954	282	48,0	5 ½	3,67
Sexegerten	1932—1938, 1942—1952	3052	1907	247	54,4	5 ½	3,44
Niederjoch	1926—1939, 1941—1950	3246	1475	293	33,2	7	3,18
Gepatsch	1930—1938, 1941—1950	2503	1422	238	40,0	6 ½	3,82
Vernagt	1939—1951, 1953—1954	3953	2472	273	70,6	4 ½	2,81

Tabelle 1 (Fortsetzung)

Gletscher	Messungstermin	Schwankungs-breite	reduziert	Basis-entwicklung	reduziert	Spitzen-zahl	reduziert
Serie G							
Pasterze	1899—1915	723	452	187	18,0	7	4,37
Lenkstein	1911—1920, 1922—1928	602	401	169	12,7	5	3,33
Gaisberg	1909—1924	592	395	185	23,33	5	3,33
Rotmoos	1909—1913, 1915—1927	733	564	146	12,37	4	3,08
Langtaler	1909—1913, 1915—1924	1042	818	166	27,7	4 ½	3,46
Niederjoch	1909—1913, 1915—1925	1170	836	183	30,7	4 ½	3,21
Taufkar	1908—1913, 1915—1918, 1921—1926	979	700	255	82,1	4 ½	3,21
Rofenkar	1909—1938	4237	1412	430	48,4	8 ½	2,93
Serie H							
Gr. Elend	1926—1942, 1950—1953	1600	842	206	8,4	5	2,63
Kl. Elend	1925—1939	921	658	151	7,06	4	2,85
Goldberg	1927—1938, 1948—1956	1277	672	254	33,68	6	3,16
Pasterze	1926—1944, 1946—1950	950	432	234	6,4	8	3,64
Schwarzenstein	1924—1939, 1942—1946	1402	574	232	22,1	5 ½	2,89
Horn	1924—1939, 1942—1948	3585	1650	279	32,4	7 ½	3,41
Waxegg	1924—1939, 1953—1956	3259	1810	250	39,0	5	2,78
Daunkogel	1926—1939, 1944—1950	2956	1408	297	41,4	5	2,69
Fernau	1927—1939, 1944—1950, 1933—1939	1988	1242	250	56,3	4 ½	2,81
Grünau	1927—1938, 1944—1950	1962	1154	191	12,35	3 ½	2,3
Grübl	1927—1932, 1934—1938, 1944—1952	1265	744	186	9,4	5 ½	3,24
Fermunt	1933—1939, 1941—1951	4288	2682	245	53,1	5 ½	3,44

stimmung zwischen Messungstermin und Aufnahmejahr der Karte meist etwas korrigiert werden muß. Eine sehr wichtige Rolle fällt der Staulinie zu, jener Linie, bis zu der das zum verengten Zungenansatz hin gestaute Eis des Firnfeldes reicht; selten eine gerade Linie zwischen den Schleusen der Zunge, sondern ein von der entsprechenden Isohypse gezogener Bogen, an dem häufig ein Böschungswechsel die Grenze zwischen gestautem und staufrei abfließendem Eis anzeigt, vergleichbar der Wehranlage eines Kraftwerkes. Höhe und Länge der Staulinie (l) schaffen differenzierte Bedingungen für die Bewegungen in der Zunge (Abb. 2 und 3 auf Taf. III).

Zwischen Gletscherstirn und Staulinie wird nun aus mehreren Abmessungen unter Berücksichtigung allfälliger Biegungen die mittlere Länge der Zunge (b) in Projektion, daraus gemäß dem Gefälle von der Höhe h die wahre Länge c der Zungenoberfläche und deren Areal f ermittelt. Mühseliger ist die Bestimmung der mittleren Länge m aus der mittleren Höhe H des ober der Staulinie sich ausbreitenden Firnfeldes durch möglichst viele Abmessungen zu den charakteristischen Stellen des Firnrandes im Felshintergrund der Kare und Wände (Bergschrund). Daraus kann die mittlere Böschung des Firnfeldes (a) errechnet werden. In Betracht kommen nur jene Teile des Firnfeldes, deren Abfluß zur Staulinie nicht durch Geländehindernisse blockiert ist oder die — wie wiederholt Randpartien — keinen Bewegungszusammenhang mit dem Gletscher hatten oder haben. Damit weicht unter Umständen auch das Areal F des für unsere Arbeit in Betracht kommenden aktiven Gletscherkörpers von der auf normalem Wege ermittelten Fläche sehr ab. Auch die wahren Areale des Nähr- (F_1) und des Abschmelzgebietes (f_1) gehören zum notwendigen Bestand der Unterlagen, wobei die Höhe der sie trennenden Firngrenze dem betreffenden Termin der Messungen angepaßt sein muß. Es ist daher verständlich, daß die im folgenden Abschnitt dargelegte Rechnungsmethode nicht immer gleich den gewünschten Erfolg hat. Es bleibt innerhalb gewisser, freilich nur schmaler Grenzen ein Spielraum übrig, die Lage der Staulinie und der Firngrenze etwas zu ändern, damit aber auch die Ausmaße der Staulinie, der Längen und Höhen von Firnfeld und Zunge sowie der Flächen ober- und unterhalb von Stau- und Firnlinie. Es gibt auch einzelne Gletscher, deren glaziometrische Ergebnisse sich nicht in die Reihung einer Gebirgsgruppe bringen lassen, weil sie einen vom normalen Talgletscher ganz abweichenden Bau haben, wie etwa solche mit relativ kleinem Firnfeld und ungewöhnlich langer Zunge oder ein unter den heutigen meteorologischen Verhältnissen völlig zurückgedrängtes Nährgebiet bei größer gewordenem Ablationsgebiet, vor allem aber dann, wenn es sich um einen zungenlos gewordenen Gletscher handelt, der infolge seiner geänderten Bauelemente nicht mehr jene Statik aufweist, aus der gesetzmäßige Beziehungen zwischen ihr und den Schwankungen abgeleitet werden könnten, wie sie für die normal gebauten im folgenden Abschnitt dargelegt werden.

3. Rechnerische Erfassung der glaziometrischen Einflüsse auf die Schwankungsformen

Das „Rechnerische" bezieht sich lediglich auf die Ermittlung von in Anlehnung an dynamische Vorgänge gewonnenen Formeln, die den Beziehungen zwischen den Schwankungsarten und den glaziometrischen Unterlagen möglichst nahekommen. Es wurde schon darauf hingewiesen, daß es sich dabei nicht um reale Werte mit Bezeichnungen des metrischen Systems, sondern um Vergleichswerte handelt, die aber geeignet sind, Zusammenhänge in den Lebensformen der Gletscher zu beleuchten. Die Haushaltsbilanz der Gletscher kann ja vorläufig nur für wenige intensiv vermessene und durch lokalklimatische Beobachtungen erschlossene Gletscher in vieljähriger Bearbeitung aufgestellt werden, und dann eigentlich nur für eine kurzfristige Klimaphase (Tabelle 2).

Entnehmen wir zunächst der Skizze (Abb. 3, Taf. III) die in den Vergleichsformeln verwendeten glaziometrischen Bezeichnungen, soweit sie nicht schon genannt wurden. Es bedeuten: a die Projektion der Firnfeldlänge, x die Grundlinie des Vergleichstrapezes, l die Länge der Staulinie, φ den Stauwinkel, b die Basis der Zunge, c die wahre Zungenlänge, a die mittlere Böschung des Firnfeldes, F die Fläche des Firnfeldes ober, f die Fläche der Zunge unter der Staulinie, β den Böschungswinkel der Zunge.

a) Der Variationsindex

Wie in einem Kanal von gleichbleibendem Querprofil und Gefälle die Geschwindigkeit des Durchflusses von der dargebotenen Wassermenge abhängt, so würde auch bei einem Gletscher, dessen Firnfeld in eine gleich breite und gleich geneigte Zunge überginge, die Bewegung von der Menge des festen Niederschlages abhängen und die Anzahl der Spitzen in der Schwankungskurve jener der schneereichen, der Überschußjahre, entsprechen. Eine solche Situation kommt in Wirklichkeit kaum vor, weil bei jedem Gletscher sich das Firnfeld als mehr oder minder breiter Fächer gegen die Zungenwurzel hin verengt, so daß außer dem dorthin im Sog direkt abströmenden Eis auch seitliches zum Abfluß kommt, verzögert durch die randliche Lage und durch Hemmnisse von aufragendem oder subglazialem Untergrund. Je breiter das Firnfeld seitlich ausgreift, umsomehr Gelegenheit ist für eine isolierte Schneeauflagerung, einen verspäteten Abfluß und damit einer neuen Bewegungswelle gegeben. In der zeitlichen Verteilung der meteorisch vorbereiteten Firnanreicherungen durch glaziometrische Einflüsse liegt die Bedeutung des Stauwinkels φ.

Diesen Begriff hat bereits H. Heß eingeführt, seine Wirkung aber je nach Größe, ähnlich dem Empfindlichkeitsfaktor, als verzögernd für den Beginn einer Wachstumsphase aufgefaßt. Er denkt sich das Firnfeld in ein flächengleiches Trapez verwandelt, dessen kleinere Parallelseite die Ausströmungsbreite ist und dessen größere, die Rahmenlänge des Firnfeldes, die Grundlinie ersetzt. Der Winkel, der durch letztere an der kürzeren Gegenseite gebildet wird, ist der Stauwinkel. Wir modifizieren aber die Formel von Heß durch den Ersatz der Ausströmungsbreite oder Firnlinie durch die bereits definierte Staulinie und die aus dem Firnfeldrahmen nur unklar feststellbare Grundlinie durch den Flächeninhalt des Firnfeldes; wir erhalten dann für die Grundlinie x die Gleichung:

$$F = \left(\frac{l+x}{2}\right)m, \quad x = \frac{2F - lm}{m} \quad \text{und daraus} \quad \operatorname{tg}\varphi = \frac{x-l}{2m} = \text{Stauwinkel}.$$

Tabelle 2

Gletscher	Exposit. Ende	Stau-linie Firnlinie	Areal unter / ober der Staulinie	l / x	m / c	a / b	H / h	φ	Areal unter / ober der Firnlinie	N mm fester N	Σ–Albedo
Serie A Saleina	E 1.640	2.610 3.000	98 829 / 927	810 5.849	2.490 3.153	2.360 3.000	792 970	26[11]	490 437 / 927	2.800 2.800	718 660
Ferpècle	N 1.900	2.820 3.150	249 1.052 / 1.301	850 5.378	3.378 4.266	3.286 4.166	756 920	33[55]	427 874 / 1.301	2.700 2.700	691 587
Gorner	W 1.890	2.630 3.180	653 4.401 / 5.054	3.640 10.633	6.167 6.300	5.975 6.256	1.522 740	29[33]	2.279 2.775 / 5.054	3.100 3.100	727 605
Zinal	N 1.890	2.580 2.970	303 1.677 / 1.980	1.740 7.204	3.750 4.560	3.580 4.507	1.224 690	36[4]	800 1.180 / 1.980	2.600 2.600	705 598
Zigiorenove	N 2.200	2.790 3.000	80 268 / 348	600 1.947	2.104 2.404	1.887 2.330	930 590	17[45]	120 228 / 348	2.600 2.600	678 556
Grd. Desert	N 2.670	2.800 2.940	48 217 / 265	1.050 1.779	1.534 744	1.508 733	280 130	13[22]	186 79 / 265	2.600 2.600	740 407
Allalin	NE 2.100	2.940 3.150	184 972 / 1.156	1.440 3.823	3.697 2.707	3.606 2.573	814 840	17[52]	468 688 / 1.156	2.400 2.400	657 594
Turtmann	N 2.220	2.760 3.120	198 714 / 912	1.370 2.973	3.288 2.358	3.157 2.296	919 540	13[42]	646 266 / 912	2.500 2.500	694 444
Valsorey	N 2.420	2.610 3.100	42 218 / 260	450 1.338	2.438 1.413	2.297 1.400	815 190	10[19]	167 93 / 260	2.500 2.500	689 540
Serie B Saleina	E 1.640	2.600 3.150	133 799 / 932	820 5.059	2.718 3.386	2.573 3.253	877 940	37[57]	628 304 / 932	2.800 2.800	663 594
Ferpècle	N 1.960	2.800 3.250	206 699 / 905	600 3.134	3.744 3.600	3.670 3.500	740 840	18[42]	640 265 / 905	2.750 2.750	686 624
Allalin	NE 2.120	3.000 3.200	230 947 / 1.177	1.940 3.283	3.606 3.036	3.485 2.860	928 880	10[33]	390 787 / 1.177	2.400 2.400	697 453
Gorner	W 1.980	2.660 3.300	648 4.100 / 4.748	4.200 8.048	6.693 6.071	6.507 6.033	1.568 680	16[2]	2.352 2.396 / 4.748	3.100 3.100	748 486
Zigiorenove	N 2.240	2.800 3.150	112 255 / 367	460 1.898	2.163 2.435	1.950 2.370	937 560	18[18]	149 218 / 367	2.700 2.700	667 414
Zinal	N 1.960	2.500 3.100	163 1.694 / 1.857	870 7.417	4.088 3.077	3.842 3.030	1.350 540	38[44]	499 868 / 1.857	2.500 2.500	630 470
Grd. Desert	N 2.650	2.840 3.050	61 207 / 268	1.050 1.567	1.582 1.048	1.520 1.030	437 190	9[22]	208 60 / 268	2.600 2.500	729 255
Turtmann	NW 2.170	2.780 3.200	136 1.158 / 1.294	710 4.727	4.260 2.593	4.105 2.520	1.137 610	25[15]	430 864 / 1.294	2.350 2.350	607 448
Arolla	NW 2.100	2.850 3.200	209 861 / 1.170	1.380 6.519	2.180 3.850	2.106 3.775	564 750	49[41]	840 330 / 1.170	2.600 2.600	700 520
Valsorey	N 2.420	2.700 3.200	67 196 / 263	900 1.359	1.739 1.820	1.587 1.795	700 300	7[32]	167 96 / 263	2.500 2.500	689 276
Serie C Morteratsch	N 1.900	2.520 2.940	458 1.759 / 2.217	2.720 7.666	3.387 4.756	3.146 4.715	1.230 620	36[8]	1.027 1.190 / 2.217	2.500 2.500	707 672
Roseg	N 2.075	2.460 bis 2.520 2.940	526 1.513 / 2.056	2.330 8.426	2.845 3.086	2.652 3.058	1.031 414	47[58]	872 1.184 / 2.056	2.500 2.500	719 576
Palü	E 1.950	2.610 3.100	98 713 / 811	680 5.344	2.367 2.087	2.190 1.980	898 660	44[34]	294 517 / 811	3.000 3.000	709 652
Forno	N 2.080	2.610 2.820	267 851 / 1.118	1.580 5.034	2.535 3.956	2.470 3.920	572 530	32[29]	676 442 / 1.118	2.650 2.450	717 594
Porchabella	NW 2.440	2.700 2.820	97 390 / 487	1.350 3.855	1.548 1.180	1.460 1.152	514 260	36[50]	235 252 / 487	2.100 1.900	707 516
Tambo	N 2.280	2.520 2.820	60 111 / 171	880 1.191	1.072 816	920 780	550 240	8[15]	111 60 / 171	2.450 2.100	707 530
Picquogl	NE 2.670	2.850 2.940	24 173 / 197	600 2.268	997 478	962 440	260 180	39[55]	38 159 / 197	2.000 1.700	667 270

Tabelle 2 (Fortsetzung)

Gletscher	Exposit. Ende	Stau- linie Firnlinie	Areal unter ober der Staulinie	l x	m c	a b	H h	φ	Areal unter ober der Firnlinie	N mm fester N	Σ- Al- bedo
Serie D											
Rhône	S 1.800	2.630 2.800	351 1.666 2.017	1.900 6.468	3.895 3.844	3.895 3.755	830 830	29⁵⁰	637 1.380 2.017	2.500 2.500	762 716
Stein	N 1.870	2.570 2.740	207 549 756	1.400 4.063	2.010	1.920 3.080	706 700	33³¹	291 465 756	2.500 2.250	676 642
Ob. Grindel- wald	NW 1.330	2.490 2.800	138 758 896	690 5.600	2.410 2.985	2.220 2.750	940 1.160	45³²	260 636 896	2.400 2.260	632 626
Lötschen	SW 2.000	2.580 2.850	146 994 1.140	1.220 5.174	3.109 3.036	2.944 2.980	998 580	32²⁷	409 731 1.140	2.200 2.200	752 724
Hüfi	SW 1.500	2.310 2.700	170 1.108 1.278	950 5.773	3.296 3.204	3.213 3.105	733 810	36¹¹	601 731 1.278	3.000 2.650	748 740
Brunni	NE 2.250	2.460 2.700	43 329 372	900 2.937	1.715 798	1.650 770	469 210	30⁴²	193 179 372	3.000 2.400	690 566
Kehlefirn	SE 1.920	2.160 2.800	45 582 627	750 2.574	3.212 1.028	2.995 1.000	1.250 240	18¹⁸	453 174 627	2.600 2.600	758 697
Kartigel	NE 2.200	2.400 2.730	39 273 312	720 2.471	1.711 776	1.600 750	590 200	35⁵⁹	211 101 312	2.100 1.700	684 582
Lavaz	N 2.060	2.500 2.730	65 308 373	860 3.382	1.452 1.630	1.378 1.570	453 440	40⁵⁵	270 103 373	2.650 2.150	688 410
Serie E											
Aletsch	SE 1.480	2.780 3.000	2.088 7.355 9.443	2.970 15.507	7.970 14.021	7.890 13.960	1.130 1.300	38¹⁴	3.789 5.654 9.443	2.600 2.600	748 726
Fiescher	S 1.600	2.900 3.100	831 2.629 3.460	4.800 7.543	3.411 8.456	3.307 8.356	835 1.300	21⁵⁴	1.580 1.880 3.460	2.450 2.450	762 725
Lötschen	SW 1.960	2.460 2.950	174 948 1.122	930 4.825	3.350 2.894	3.288 2.850	640 500	29³³	548 574 1.122	2.350 2.350	760 670
Ob. Grindel- wald	NW 1.260	2.600 2.900	138 727 865	680 5.624	2.297 3.331	2.198 3.050	668 1.340	47⁶	310 555 865	2.400 2.240	708 700
Unt. Grindel- wald	N 1.220	2.400 2.900	407 2.073 2.480	2.150 11.020	3.148 4.526	2.938 4.370	1.130 1.180	54⁵⁰	1.470 1.010 2.480	2.800 2.800	642 630
Unteraar	SE 1.916	2.500 3.000	945 2.435 3.380	3.000 7.184	4.782 7.360	4.673 7.337	1.030 590	23³⁸	2.394 986 3.380	2.650 2.650	757 644
Stein	N 1.900	2.640 2.900	173 450 623	980 3.502	2.026 3.061	1.918 2.970	654 740	31³⁰	307 316 623	2.450 2.100	682 620
Rhône	S 1.810	2.610 2.900	338 1.669 2.007	1.380 4.709	5.482 3.373	5.431 3.277	778 800	16⁵⁹	834 1.173 2.007	2.500 2.500	766 705
Hüfi	SW 1.640	2.300 2.800	120 1.285 1.405	620 6.172	3.724 2.412	3.720 2.320	694 660	36¹⁵	742 663 1.405	3.100 2.700	750 730
Brunni	NE 2.250	2.400 2.800	24 338 362	250 3.597	1.757 669	1.670 650	545 150	43³⁷	225 137 362	3.100 2.850	710 664
Serie F											
Gaisberg	NW 2.450	2.800 2.900	93 77 170	650 941	1.241 1.990	1.140 1.960	490 350	14⁵⁷	99 71 170	2.100 1.750	721 519
Rotmoos	N 2.250	2.530 2.900	62 344 406	610 2.736	2.056 1.693	1.952 1.670	640 280	27³⁰	192 214 406	2.150 1.700	690 550
Langtaler	N 2.420	2.800 2.900	155 287 442	800 6.637	1.670 2.982	1.625 2.960	380 380	28⁴⁹	225 217 442	2.400 2.050	729 504
Diem	NW 2.500	2.900 2.900	55 327 382	1.040 2.570	1.830 1.466	1.705 1.410	480 400	22⁴¹	55 327 382	2.200 1.950	700 433
Schalf	NW 2.380	2.780 2.900	108 892 1.000	1.830 6.517	2.363 2.512	2.286 2.480	600 400	49¹⁶	220 780 1.000	2.500 2.300	730 490
Marzell	NW 2.320	2.800 2.900	99 438 537	900 3.290	2.067 1.842	1.956 1.750	670 480	30³⁰	131 406 537	2.300 2.180	690 552
Niederjoch	N 2.580	2.920 2.900	86 276 362	1.150 2.633	1.496 1.896	1.433 1.865	430 340	26²²	63 299 362	1.900 1.850	730 365

Tabelle 2 (Fortsetzung)

Gletscher	Exposit. Ende	Stau- linie Firnlinie	Areal unter ober der Staulinie	l x	m c	a b	H h	φ	Areal unter ober der Firnlinie	N mm fester N	Σ- Al- bedo
Serie F (Forts.)											
Sexegerten	N 2.440	2.700 2.800	46 261 307	760 2.667	1.523 1.350	1.410 1.325	574 260	32³	96 211 307	2.000 1.800	626 451
Gepatsch	N 1.940	2.860 3.100	276 1.391 1.667	1.460 10.032	2.746 4.670	2.700 4.580	500 920	60²	584 1.083 1.667	2.400 2.300	695 515
Vernagt	SE 2.640	2.960 3.006	152 883 1.035	2.960 6.400	1.887 1.680	1.845 1.650	398 320	42²¹	193 842 1.035	2.250 2.200	780 296
Serie G											
Pasterze	SE 1.950	2.700 2.700	763 1.513 2.276	4.350 7.138	2.634 5.380	2.565 5.327	600 750	27⁵⁸	763 1.518 2.276	2.200 1.800	755 715
Lenksten	N 2.390	2.660 2.700	59 233 292	1.160 1.240	1.322 1.295	1.268 1.267	374 270	21⁵⁴	76 216 292	1.750 1.400	698 524
Gaisberg	NW 2.370	2.850 2.800	85 166 251	760 1.714	1.331 1.895	1.252 1.833	452 480	20⁴⁰	74 177 251	2.060 1.850	698 490
Rotmoos	NW 2.340	2.600 2.700	90 447 537	730 3.733	2.003 1.752	1.880 1.733	690 260	36⁵¹	124 413 537	2.150 1.680	724 564
Langtaler	NW 2.390	2.780 2.750	154 464 618	920 4.069	1.858 3.085	1.788 3.060	504 390	40⁷	180 438 618	2.100 1.900	716 501
Niederjoch	NE 2.560	2.890 2.900	76 462 538	980 3.112	2.153 1.348	2.088 1.307	526 330	28²⁶	113 425 538	2.000 1.940	724 456
Rofenkar	SE 2.650	3.100 2.900	56 126 182	520 1.458	1.274 1.300	1.182 1.220	475 450	20¹³	23 159 182	2.000 2.000	769 308
Taufkar	S 2.900	3.050 2.950	25 41 66	500 1.013	542 658	500 640	175 150	25¹⁷	11 55 66	1.900 1.750	791 238
Serie H											
Großelend	N 2.100	2.600 2.700	175 348 523	2.780 2.996	1.205 1.662	1.070 1.630	478 500	5⁷	185 338 523	2.100 1.690	650 592
Kleinelend	NE 2.150	2.650 2.700	127 337 464	2.220 3.010	1.289 1.705	1.200 1.630	470 500	17²⁵	149 315 464	2.200 1.700	676 592
Pasterze	SE 2.000	2.750 2.800	680 1.590 2.270	3.740 5.832	2.938 5.551	2.867 5.500	640 750	15³⁸	750 1.550 2.300	2.200 1.900	760 686
Goldberg	E 2.300	2.670 2.700	71 156 227	600 1.495	1.494 1.180	1.448 1.058	355 300	16⁴²	110 117 227	2.400 1.800	724 580
Schwarzen- stein	NW 2.140	2.600 2.700	107 400 507	1.560 4.823	1.702 1.868	1.591 1.810	610 460	39⁴⁹	168 339 507	2.100 1.670	694 597
Horn	N 2.000	2.440 2.700	78 473 551	580 4.885	1.731 1.802	1.583 1.747	692 440	51¹³	244 307 551	2.100 1.830	670 602
Waxegg	N 1.910	2.500 2.700	85 421 506	1.400 3.298	1.793 1.762	1.640 1.660	725 590	27⁵⁸	147 359 506	2.300 1.960	630 586
Daunkogl	NE 2.580 bis 2.610	2.760 2.800	83 287 370	1.540 2.180	1.543 956	1.496 940	380 172	11⁴³ 11⁴³	117 253 370	2.100 1.780	720 471
Fernau	N 2.630 bis 2.350	2.800 2.800	72 183 255	1.040 1.370	1.518 774	1.469 713	402 301	6¹²	72 183 255	2.200 1.700	625 437
Grünau	N 2.200	2.750 2.800	62 171 233	1.190 1.303	1.303 1.700	1.250 1.610	566 550	2²¹	86 147 233	2.000 1.920	636 509
Grübl	N 2.370	2.580 2.700	50 310 360	1.400 3.016	1.404 983	1.315 960	490 210	29⁵⁰	130 230 360	2.100 1.700	689 530
Fermunt	N 2.260	2.560 2.700	38 245 283	650 2.344	1.630 1.097	1.550 1.055	508 300	27²⁸	73 210 283	2.200 1.700	683 540

Wir können nun die Frage klären, ob mit der Zunahme des Stauwinkels die angenommene Vermehrung der Initiallagen in Verbindung steht und teilen zu diesem Zweck aus der Liste der 74 untersuchten Gletscher die φ-Werte der Größe nach in fünf Gruppen und koordinieren ihnen die entsprechenden Werte der Wachstumsspitzen. Wir erhalten dann folgendes Verhältnis:

Werte von $\varphi°$	0—10	10—20	20—30	30—40	über 40
Mittel der Wachstumsspitzen	2,48	3,03	2,93	3,20	3,47
Gletscherzahl	5	16	20	20	13

Tatsächlich nimmt also mit wachsendem φ die Zahl der Spitzen zu (die kleine Inkonsequenz bei φ 20°—30° kann kaum als störend empfunden werden), wodurch ein mehr oder minder großer Einfluß der glaziometrischen Elemente bestätigt wird.

Wenn man die Größen von φ mit den aus den Messungen abgeleiteten Variationszahlen unmittelbar vergleicht, so ist die Übereinstimmung wenig befriedigend, und das ist verständlich, weil wir damit ja nur die statische Komponente verwertet haben, nicht aber die dynamische, die in der Böschung des Gletschers oder wenigstens des Firnfeldes liegt. Ist das Gefälle außerhalb des Stauwinkelraumes hinreichend groß, so kann der Abfluß ohne Hemmnisse oder mit Überwindung nur kleinerer kontinuierlich vor sich gehen, ohne daß sich in einem solchen Falle Eisrandschwankungen bemerkbar machen müßten. Ist aber das Gefälle schwach, bleibt Schnee- bzw. Firnzuwachs länger gestapelt, bis nach entsprechendem weiterem Wachstum der Abfluß stoßweise erfolgen kann. Umsomehr sind einer derartigen Abflußverzögerung die im Stauwinkel aufgespeicherten Schnee- und Firnmassen ausgesetzt. Sie werden leichter abgeführt, in das stoßweise Abfließen einbezogen, wenn die Böschung größer ist. Es scheint demnach, daß nur ein Teil der Wachstumsspitzen unmittelbar von den Schwankungen der Niederschlagsmenge abhängt, während der andere glaziometrisch verteilt ist.

Es gibt zusätzlich noch eine Art von Wachstumsspitzen, die darauf zurückgeht, daß der Druck einer neuen Firnauflage eine Deformationswelle erzeugt, die je nach Anhalten und Stärke des Impulses der ihn auslösenden Massen voraneilt, die Zungenspitze erreicht und dort infolge Verdichtung der Substanz eine Schwellung der Stirnpartien herbeiführen kann. Zum Teil geht sie durch örtliche Verflüssigung verloren, aber im Falle der Wiederholung des Vorganges kann es zu einer Wachstumsspitze kommen, bevor noch die erwartete Massenwelle das Zungenende erreicht hat (R. Klebelsbergs passive Druck- und aktive Nachschubwellen).

Ob bei der Abflußbegünstigung des ganzen Gletschers $tgA = \frac{H+h}{a+b}$ oder das Gefälle des Firnfeldes $tg\alpha = \frac{H}{a}$ mehr zur Wirkung kommt, soll ein weiterer Vergleich erkennen lassen. Zu diesem Zweck wurde eine Reihung (1 = niederster Wert) durchgeführt und jeweils die Reihung der Spitzenzahlen der vier Serien mit Spättermin mit den betreffenden Reihungszahlen von φ, α und A verglichen, und zwar in den Hälften mit höheren bzw. niedrigeren Werten, wobei also die Halbierung je nach Zahl der Gletscher auf 1—5—10, 1—6—12 fällt. Die Reihungssummen der beiden Hälften wurden für jede Gruppe ermittelt (Tabelle 3). Aus jeder Gruppensumme ist zu entnehmen, daß der kleineren Spitzenzahl auch der kleinere Stauwinkel entspricht; umgekehrt aber entspricht dem kleineren φ das größere α oder A. Das Gesamtmittel zeigt, daß mit der Vermehrung der Wachstumsspitzen die Größe von φ um 96%, steigt, während die von α um 25%, die von A um 24% abnimmt. Damit ist durch eine andere Methode wieder nachgewiesen, daß Spitzenzahl und Größe des Stauwinkels direkt proportional sind, durch die Wirkung von zunehmendem α oder A mehr und mehr in ihrer Bedeutung herabgesetzt werden. Da A, die Gesamtneigung des Gletschers, in ihrer dynamischen Wirkung kleiner als α, die Neigung des Firnfeldes, ist, bleibt für die Rolle der Zunge überhaupt keine eigene Dynamik, sie verhält sich anscheinend völlig passiv.

Tabelle 3

Gletscher	Spitzen-zahl	Reihung	φ°'	Reihung	α°'	Reihung	A°'	Reihung
Serie B								
Saleina	3,44	7	37,57	8	18,49	7	18,18	9
Allalin	3,0	3	10,33	3	14,55	3	17,6	8
Ferpècle	3,42	6	18,42	6	11,14	1	14,0	4
Zigiorenove	3,06	4	18,13	5	25,40	10	19,7	10
Zinal	3,75	9	38,41	9	19,22	8	15,23	6
Grd. Desert	2,78	2	9,22	2	16,2	6	13,49	3
Gorner	3,25	5	16,14	4	13,33	2	10,10	2
Arolla	3,57	8	49,41	10	14,59	4	9,47	1
Valsorey	1,87	1	7,32	1	23,48	9	16,28	7
Turtmann	4,21	10	25,15	7	15,29	5	14,46	5
		1— 5		15		30		30
		6—10		40		25		25
Serie E								
Aletsch	3,0	8	38,14	7	8,09	2	6,08	1
Fiescher	2,37	1	21,54	2	14,10	6	10,41	5
Rhône	3,16	9	16,91	1	8,09	1	10,16	3
Ob. Grindelwald	2,81	5	47,6	9	16,54	7	20,58	9
Unt. Grindelwald	2,86	6	54,50	10	21,2	10	21,2	10
Unteraar	2,65	3	23,38	3	12,26	5	7,41	2
Lötschen	2,65	4	29,33	4	11,1	4	10,31	4
Hüfi	2,89	7	36,15	6	10,34	3	12,38	6
Brunni	4,28	10	43,37	8	18,9	8	18,4	7
Stein	2,5	2	31,30	5	18,50	9	15,55	8
		1— 5		23		31		28
		6—10		32		24		27
Serie F								
Gaisberg	2,62	1	14,57	1	23,16	10	15,10	7
Rotmoos	3,25	5	27,20	4	18,19	7	14,25	6
Langtaler	3,33	7	28,49	5	13,10	3	9,25	1
Diem	2,92	3	22,41	2	15,43	5	15,47	8
Marzell	3,25	6	30,30	6	18,54	8	17,14	9
Niederjoch	3,18	4	26,22	3	16,0	6	13,9	5
Schalf	3,67	9	49,16	9	14,42	4	11,51	4
Sexegerten	3,44	8	34,2	7	22,9	9	17,21	10
Gepatsch	3,82	10	60,30	10	10,30	1	11,2	2
Vernagt	2,81	2	42,21	8	12,10	2	11,37	3
		1— 5		18		30		29
		6—10		37		25		26
Serie H								
Gr. Elend	2,63	3	5,7	2	24,5	11	19,55	10
Kl. Elend	2,85	6	17,25	7	21,23	8	18,55	9
Goldberg	3,16	8	16,42	6	13,47	2	14,39	3
Pasterze	3,64	12	15,38	8	12,35	1	9,28	1
Schwarzenstein	2,89	7	39,49	11	20,58	7	17,25	6
Horn	3,41	10	51,12	12	23,36	9	18,46	8
Waxegg	2,78	4	27,53	9	23,51	10	21,44	12
Daunkogel	2,63	2	11,43	4	14,15	3	12,46	2
Fernau	2,81	5	6,12	3	15,21	4	17,52	7
Grünau	2,30	1	2,21	1	24,22	12	21,3	11
Grübl	3,24	9	13,5	5	20,26	6	17,6	5
Fermunt	3,44	11	36,32	10	18,9	5	15,44	4
		1— 6		26		48		51
		7—12		52		30		27
Gesamtsumme		1— 5 (6)		82		139		138
		6—10 (12)		161		104		105

Einer Zunahme von φ um 96% entspricht eine Abnahme der Wirkung von α um 25%, von A um 24%.

Paschinger

Bei Zunahme des Winkels α wird also die Spitzenzahl kleiner, daher wir in die glaziometrische Vergleichsrechnung α als Nenner einsetzen müssen, und die Formel lautet daher:

Variation $\quad V = \frac{\operatorname{tg} \varphi}{\operatorname{tg} \alpha}$

Gletscher mit kleinem Stauwinkel, deren Firnfeld hindernisfrei in die Zunge übergeht, haben häufig kontinuierlichen Abfluß und fügen sich ungern in das glaziometrische System, sind wohl mehr von meteorologischen Bedingungen abhängig. Wenn α groß ist, werden auch große φ-Werte so herabgesetzt, daß sie den Messungen adäquat sind, wofür wir später Beispiele bringen wollen.

Diese fast gesetzmäßigen Beziehungen gehören nur dem aktiven Teil des Gletschers an, dessen Lebensäußerungen von der Zunge mit einer gewissen Verzögerung oder Beschleunigung passiv übernommen werden und ihre Wirkungen sind m. E. dominierend gegenüber den meteorologischen Gegebenheiten.

b) **Der Empfindlichkeitsindex**

H. Heß hat die Wirkung des Stauwinkels, die wir der Phasenlänge koordinieren, mit der Empfindlichkeit der Gletscher für Schwankungsimpulse in Verbindung gebracht, dafür aber auch eine besondere auf den kinetischen Faktoren beruhende Formel, einen Empfindlichkeitskoeffizienten, eingeführt; mit $E = K \frac{\sin \alpha}{l \cos \beta}$ ist der Neigung des Firnfeldes und der Projektion der Zunge Rechnung getragen, in der wohl zutreffenden Erwartung, daß die Gletscher dann eine raschere Reaktion auf Ernährungsschwankungen äußern, wenn ihr Firnfeld stark geneigt, die Zunge steil und kurz ist. Diese Formel hat bereits S. Morawetz[a] an einer größeren Anzahl von Alpengletschern erprobt und damit brauchbare Resultate erzielt. Aber eine hinreichende Koinzidenz zwischen dem unserer Untersuchung zugrundegelegten Wert der Basisentwicklung und dem Ergebnis der Heß-Formel ist nicht gegeben. Das Verhältnis der Winkel A und β gibt Anhaltspunkte für eine Formulierung: Wo A groß ist, und ebenso β, ergeben sich vorderste Stellungen in Rechnung und Messung (Obergrindelwald-, Marzell-, Rofenkar-, Allalingletscher), wo aber die Differenz der beiden Werte groß ist, kommt es zu mittleren Stellungen (Zigiorenove-, Kehlefirn-, Grünaugletscher und andere), die niedrigsten Werte von β zwingen zu den letzten Stellen (Aletsch-, Gorner-, Langtaler Gletscher, Pasterze und andere). Die Formel wurde daher in der Weise modifiziert, daß der Koeffizient K, der sich auf retartierende Einflüsse (Schuttinhalt, Dichte und andere) bezieht, als nur für einzelne Gletscher bekannt, im übrigen überhaupt nur wenig differierend, nicht berücksichtigt wird, als Dividend die Neigung des Gesamtgletschers und die wahre Länge von Firnfeld und Zunge als Exponenten von Schwerkraft und Weg eingesetzt werden; dieser Kraft steht gegenüber die Länge und Neigung der Zunge als Bewegungswiderstand, der aus der Erfahrung heraus besonders berücksichtigt werden muß.

Wir erhalten dann $\quad E = \operatorname{tg}\left(\frac{H+h}{a+b}\right)(m+c) : c \operatorname{cotg} \beta = \frac{\operatorname{tg} AM}{c \operatorname{cotg} \beta}$.

In dieser Formel ist eben der Gesamtgletscher zu berücksichtigen, weil das Eis Firnfeld **und** Zunge durchfließt und von der Gesamtböschung durch Schub und Zug seine Energie erhält. Durch diese Formel tritt eine Verminderung der Fehlersumme bei den Stubaier- und Tauerngletschern und den Ötztalern von 26 bzw. 32 auf 18 ein. Die Versuche, in die Formel nur die Böschungsverhältnisse einzuführen, scheiterten völlig; bei fünf Gebirgsgruppen (mit 48 Gletschern) stellten sich 141 Fehler gegenüber den Messungen ein, bei der vorgeschlagenen Formel nur 92, womit die Zuverlässigkeit der reinen Böschungsformel um 52% zurückbleibt. Bei ihr entfallen auf einen Gletscher 2,9 Fehler, bei der vorgeschlagenen Formel 1,9 Fehler.

Die bedeutende Verbesserung des Fehlerverhältnisses mit der von uns eingeführten Formel weist darauf hin, daß beim Empfindlichkeitsfaktor die Zungenlänge den Ausschlag gibt. Beim Empfindlichkeitsfaktor spielt — abgesehen von meteorologischen Einwirkungen —

eine Reihe von glaziometrischen Gegebenheiten mit, die Rechnungsresultate liegen daher weiter auseinander, ebenso wie die Werte der Kurvenentwicklung. Die erwünschte Übereinstimmung von Messung und Rechnung ist daher etwas weniger günstig als beim Variationsfaktor. Die dennoch vorhandene Übereinstimmung von 80—85% kann daher als ein Beweis für die Brauchbarkeit des Empfindlichkeitsindex angesehen werden.

c) Der Potentialindex

Jedem Gletscher ist eine potentielle Energie zu eigen, die der Bilanz des Eishaushaltes entspricht. Die Eismassen, die durch einen Querschnitt des Gletschers jährlich durchfließen, äußern sich je nach Quantität in Vor- und Rückgang bei den Marken. Die Schwankungsbreite um die Nullinie der Messung ist daher jährlich verschieden, aber für eine Dauer von ein bis zwei Jahrzehnten kann man den Messungsdiagrammen eine mittlere Schwankungsbreite entnehmen. Dabei handelt es sich natürlich nicht um einen der vielen Versuche, den Eishaushalt aus detaillierten und komplizierten meteorologischen Daten ausfindig zu machen. Wir müssen von den glaziometrischen Grundlagen ausgehen und da kommt vor allem die Höhe der Firnlinie in Betracht. Sie schwankt in der Regel von Jahr zu Jahr, aber im Laufe eines Jahrzehnts kann eine mittlere Lage festgestellt werden, wie auch wenigstens annähernd für die in unserer Untersuchung gewählten Beobachtungstermine. Für die früheren, in das erste und zweite Jahrzehnt unseres Jahrhunderts fallenden Beobachtungen können mit geringen Korrekturen noch die Angaben Ed. Richters[2] für die Ostalpen und J. Jegerlehners[9] für die Schweizer Alpen verwendet werden. Für die späteren Termine danken wir R. Klebelsberg[10] eine neuere Untersuchung über die Ostalpen, während für die Schweizer Alpen eine solche fehlt, bei der umfangreichen Arbeit von K. Hermes[11] auf Jegerlehner zurückgegriffen wird, obwohl es ebenso notwendig wie unschwierig gewesen wäre, gerade für dieses instruktive und reiche Gletschergebiet aus den hervorragenden großmaßstäblichen neuen Landeskarten der Schweiz auf Grund einer orographischen Methode diese Lücke zu schließen. Im einzelnen ist da auf die Exposition gegenüber Sonne und regenbringende Winde abzustimmen. Die Angaben in den Rapports der „Alpen" beziehen sich auf die rein örtliche und temporäre Schneegrenze.

Die Schneegrenze trennt den Teil des Gletschers mit vorwiegender Ernährung von jenem vorwiegender Ablation (Gesamtstrahlung, Konvektion, Kondensation). Für unsere Vergleichsrechnungen ist eine Komplizierung nicht möglich, es muß vielmehr das Charakteristische und Entscheidende gewählt werden. Das ist der feste Niederschlag (aus dem Grunde der Objektivität zwischen Firnlinie und Bergschrund), andererseits die Ablation unter der Firnlinie (Mitte zwischen ihr und dem Gletscherende). Über die Jahressummen des Niederschlages unterrichten die Isohyetenkarten der Hydrographischen Zentralanstalt in Wien für die Ostalpen und für die Gesamtalpen die von Knoch-Reichel; mit ersteren läßt sich ja die Übertragung mittels Oleate und die Orientierung auf einer topographischen Karte leicht bewerkstelligen, da der Maßstab 1:500.000 viel verwendet ist. Die Verwendung der Karte von Knoch-Reichel 1:925.000 (und damit recht engen Isolinien) wird durch den Zufall, daß die Karte der Schweiz im Stieler-Atlas den gleichen Maßstab aufweist, ermöglicht. Der Umrechnungsfaktor vom Gesamtniederschlag zu dem mit der Seehöhe steigenden festen Niederschlag ist den Handbüchern der Meteorologie oder Klimatologie zu entnehmen.

Die Menge des im Firngebiete fallenden Niederschlages wirkt sich nicht nur dort aus, sondern auch über die Zunge hin, die er zum größeren oder kleineren Teil durchfließt; andererseits gibt es für die Ablation keine Wirkung über die Firnlinie empor, an der sie ja normalerweise aufhört. Wir müssen daher den festen Niederschlag für die ganze Gletscherfläche, die Ablation nur für die Zungenfläche in Rechnung stellen.

Letzteres bietet wohl mehr Schwierigkeiten, weil nur für ganz wenige Gletscher verläßliche Temperaturmittel für die einzelnen Monate in verschiedenen Höhenstufen zur

Verfügung stehen. Mit der Annahme einer mittleren Temperaturabnahme mit der Seehöhe wäre eine Generalisierung verbunden, welche den Verschiedenheiten von Exposition, Böschungswinkel und Termin nicht gerecht wird. Da es sich bei unserer Untersuchung aber nicht um die Ermittlung realer, sondern um Vergleichswerte handelt, kann die Strahlungsintensität dafür Ersatz bieten, die sich für die oben genannten Faktoren berechnen läßt. Schließlich stehen Strahlung und Temperatur ja in ursächlichem Zusammenhang, mit einem gleichen Gang, worauf erst kürzlich S. Morawetz[12] hinsichtlich des Sonnblicks wieder hingewiesen hat.

Es besteht bei den Strahlungsforschern, die sich auch mit einschlägigen Gletscherproblemen beschäftigen, fast einhellig die Auffassung, daß die Sonnenstrahlung der ausschlaggebende Faktor für die Ablation während der Aperzeit ist, speziell für die Schweizer Alpen J. Macvell. Der starke Eisschwund und die erhöhte Wasserführung der Gletscher bei Strahlungswetter sind schon deutliche Hinweise, wozu noch kommt, daß in größeren Höhen die Strahlung länger anhält und weniger durch Trübungen geschwächt ist als in der Niederung. H. Hoinkes—N. Untersteiner[13] haben einen Überblick über die Strahlungsverhältnisse am Vernagtferner in 2973 m, also im Raum der Firngrenze, geboten und für die Zeit 21.—31. VIII. 1950 (214 Stunden) folgenden Eisumsatz in Wasser errechnet: Aus der Strahlungsbilanz 405 mm Abschmelzung (81,2%) der Gesamtablation), Konvektionswärme 74 mm (14,8%), Kondensationswärme 17 mm (3,5%), vom Regen zugeführte Wärme (0,2%) mit einer Gesamtabschmelzung von 499 mm, eine Berechnung, die mit der gleichzeitigen Beobachtung von 511 mm fast übereinstimmt. Im allgemeinen kann angenommen werden, daß rund 70% der Gesamtablation auf Gletschern von der Strahlung besorgt werden, zunehmend mit der Höhe, wobei die Wirkung der konvektiv zugeführten Luftwärme in gleichem Maße abnimmt. Es versteht sich, daß auch hier von möglichen, zum Teil kaum kontrollierbaren Einflüssen (Bergschatten, Bewölkung, Klüftigkeit, Schuttinhalt und andere) abgesehen werden muß.

Schließlich muß noch auf die Bedeutung der Hauptkomponenten der Globalstrahlung, der direkten und der diffusen Strahlung, kurz eingegangen werden. Etwa vier Zehntel der gesamten Wärmestrahlung der Sonne entfallen nach W. Trabert auf die diffuse Strahlung, die in niederschlagsreichen Gebieten mit der Seehöhe (ohne wesentlichen Unterschied bei bedecktem oder klarem Himmel) zunimmt und in 2000 m Höhe bis acht Zehntel der globalen erreicht. Unter der Firngrenze bleibt sie hinter der direkten Strahlung zurück, aber auch die des bedeckten Himmels hat im Hochgebirge nach H. Sauberer eine „enorme Bedeutung"[14]. Die horizontale Überhöhung der Gletscherflächen (Hangfirne) bringt einen Strahlungsgewinn mit sich und der kleine Verlust bei bewölktem Himmel verringert sich schließlich dadurch, daß zwischen einer Schnee- oder Firnfläche und der Untergrenze der Wolken die Reflexion sehr wirksam ist. Im Überblick kam Sauberer bei vorsichtiger Einschätzung zur Überzeugung, daß „Strahlungsvorgänge maßgeblich an den Gletscherschwankungen beteiligt sind"[15].

F. Steinhauser[16] hat die Tagessummen der direkten Sonnenstrahlung auf eine waagrechte Fläche für den 15. jedes Monats unter dem 47. Breitengrad in g/cal/cm²/min errechnet, und zwar für die Höhen 200, 500, 1000, 1500, 2000 und 3000 m. Für unsere Untersuchungen kommen nur die Summen vom 15. Juni für die 100-m-Stufen zwischen 2000 und 3000 m Seehöhe in Betracht. Die Steigerung von 729 g/cal auf 773 in dieser Region mußte daher mittels graphischer Methode unterteilt werden, was folgende Beträge erbrachte:

Stufe	2000	2100	2200	2300	2400	2500	2600	2700	2800	2900	3000
g/cal.	729	733	737	742	746	750	755	759	764	768	773

Diese Strahlungstagessummen erfahren natürlich durch den Böschungswinkel und die Auslage eine Änderung, die sich einer Abhandlung A. Schedlers[17] entnehmen läßt, in der Strahlungsuntersuchungen in Hoch Serfaus (Ötztaler Alpen) eingehend dargelegt sind. Dort sind unter D 58, Tab. 3/2 Tagessummen der Strahlung in g/cal/cm² bei Böschungen von Graden 0, 10, 20, 30 und für die Hangrichtungen S, SE = SW, O = W, NE = NW und Nord angegeben. Die für unsere Aufgabe notwendigen Zwischenböschungen von Graden 5, 15, 23 und 25 wurden graphisch ermittelt, die sich daraus ergebenden Tagessummen in % der Tagessummen auf waagrechter Fläche errechnet, und zwar für den Monat Juni, nicht nur wegen des Hochstandes der Sonne, sondern, weil für diesen Monat die Strahlung auf waagrechter Fläche (16.716 g/cal) der von Steinhauser gebrachten Zahl (588×30) = 17.640 mit einer Differenz von nur 0,4% am nächsten kommt. Um auf die Steinhauser-Tabelle 5 umrechnen zu können, wurden auch die Prozente für die Hangrichtungen bei jeder der angeführten Böschungen aus der Tabelle 3/2 ermittelt. Mit Hilfe der so gewonnenen Zusammenstellung lassen sich rasch die Werte der direkten Strahlung S bei Sonnenhochstand für Höhenlage, Böschung und Exposition im mittleren Abschnitt der Gletscherzunge feststellen. Davon muß der Betrag der Rückstrahlung (Albedo), der mit der Seehöhe wächst und bei 3000 m die Einstrahlung auslöscht, abgezogen werden; der Rest wird mit der Fläche des Ablationsteiles in die Formel der Gletscherenergie $P = \dfrac{FN}{f(S-a)}$ übernommen.

4. Ermittlung der Vergleichswerte

Wir haben im vorstehenden Abschnitt 2 die aus den Messungen abgeleiteten Schwankungsformen in Zahlen gebracht, die die feststehenden Richtlinien zur Beurteilung der Übereinstimmung mit den in Abschnitt 3 aus den glaziometrischen Unterlagen ermittelten Vergleichswerte bilden. Für die Gletscher jeder Gebirgsgruppe ist demnach sowohl für die Messungs- wie für die rechnerischen Werte eine Reihung vorzunehmen, welche die jeweils höchsten Zahlen mit 1 beziffert und die folgenden mit den ansteigenden Zahlen. In der Tabelle 4 stehen dann Wirklichkeit und Theorie mit Zahlen einander gegenüber, deren Differenzen über die Brauchbarkeit der Methode aussagen können. Die Summe der Differenzen in jeder der drei Sparten V, E, P hängt natürlich, außer von den bereits erwähnten Messungs- und glaziometrischen Fehlern, auch von der Zahl der untersuchten Gletscher einer Gebirgsgruppe ab. Und daher bietet erst die Umrechnung der Differenzensumme in Prozenten der Gletscherzahl einen brauchbaren Vergleichswert. Diese Prozentwerte liegen zwischen 10 und ± 20. Da eine aus den Messungen im Gelände und auf der Karte sich ergebende Fehlerquelle von 15% einkalkuliert werden darf, liegen die Abweichungen unserer Methode innerhalb der genannten Extreme, was — etwa an meteorologischen Koinzidenzen gemessen — einen hohen Grad von Wahrscheinlichkeit bedeutet. Die Differenz 1 bei einem Gletscher zeigt gute Übereinstimmung an, die Differenz 2 noch keine Störung. Relativ große Differenzen von 5 oder mehr Fehlern bei einem Gletscher sind selten, sie erhöhen aber die Prozentsumme der Sparte sehr und entsprechen nicht der durchschnittlichen Übereinstimmung. Relativ große Fehler werden weniger auf unharmonische Nachmessungen zurückgehen als auf den unrichtigen Ansatz der glaziometrischen Daten, besonders der Höhenlage der Stau- und Firnlinie, die ja einen bedeutenden Einfluß auf die Flächenanteile ober- und unterhalb dieser Linien haben. Da läßt sich manchmal innerhalb eines sehr eng begrenzten Konnexes mit etwas geänderten Elementen eine Korrektur anbringen, deren Erfolg meist zeigt, daß erst damit die richtigen Grundlagen eingesetzt wurden. Es gibt aber einzelne Gletscher, die sich in die Bindung der Formeln gar nicht einfügen, weil entweder die Messungen extreme Ausmaße der Schwankungen aufzeigen oder die glaziometrischen Unterlagen abnorme Werte ergeben. Das trifft z. B. für den Spiegel- und den Mitterkarferner in den Ötztaler Alpen zu, welche die einwandfreie Festlegung der Staulinie nicht ermöglichen, eine hohe Firngrenze und sehr kleine Arealanteile unter ihr besitzen, dabei aber eine bedeutende Kurvenentwicklung und geringe Spitzenzahl aufweisen, alles Anzeichen von Hanggletschern, also unvollständigen

Tabelle 4.

Gletscher	Potential				Empfindlichkeit				Variation				
	Messung		Index	Diff.	Messung		Index	Diff.	Messung		Index		Diff.
Serie A													
Saleina	1249	4	8,08	7	3	33,5	6	0,190	2	4	3,23	1	3,015	1	—	7
Ferpècle	1080	5	12,46	2	3	41,0	5	0,089	7	2	3,0	4	2,936	2	2	7
Gorner	677	7	11,0	4	3	3,5	9	0,0431	9	—	2,94	5	2,221	4	1	4
Zinal	1947	2	11,17	3	1	29,0	7	0,066	8	1	3,33	2	2,131	5	3	5
Zigiorenove	2930	1	13,3	1	—	94,6	2	0,171	3	1	2,67	8	0,650	8	—	1
Grd. Desert	1260	3	9,0	6	3	63,8	3	0,994	5	2	3,10	3	2,367	3	—	5
Allalin	518	8	9,98	5	3	44,4	4	0,206	1	3	2,80	6	1,428	6	—	6
Turtmann	1044	6	7,95	8	2	101,6	1	0,151	4	3	2,78	7	0,837	7	—	5
Valsorey	287	9	7,21	9	—	5,0	8	0,094	6	2	2,50	9	0,513	9	—	2
Differenzsumme in %				20					20					6
korrigiert				17					17					5,1
Serie B													
Saleina	943	6	6,99	8	2	50,3	3	0,155	5	2	3,44	4	0,229	10	6	10
Ferpècle	849	8	6,3	10	2	26,8	8	0,109	7	1	3,42	5	1,688	3	2	5
Gorner	1083	4	12,88	5	1	7,5	10	0,0425	10	—	3,25	6	1,193	5	1	2
Zinal	738	9	10,82	7	2	66,8	2	0,114	5	3	3,75	2	1,406	4	2	7
Zigiorenove	1709	1	16,06	1	—	67,2	1	0,155	4	3	3,06	7	0,688	7	—	3
Grd. Desert	1391	2	12,68	6	4	34,4	6	0,114	6	—	2,78	9	0,574	8	1	5
Allalin	1370	3	16,0	2	1	39,5	5	0,193	1	4	3,0	8	0,699	6	2	7
Turtmann	970	5	15,78	3	2	50,0	4	0,169	3	1	4,21	1	1,702	2	1	4
Arolla	616	10	6,96	9	1	27,94	7	0,0702	9	2	3,57	3	4,401	1	2	5
Valsorey	928	7	14,26	4	3	13,15	9	0,0965	8	1	1,87	10	0,30	9	1	5
Differenzsumme in %				18					17					18
korrigiert				15,3					14,5					15,3
Serie C													
Morteratsch	627	6	8,43	4	2	23,7	5	0,053	6	1	2,67	7	1,867	6	1	4
Roseg	1759	2	10,5	3	1	164,5	1	0,0657	5	4	3,75	2	2,756	3	1	6
Palü	1881	1	12,7	2	1	67,5	2	0,265	2	—	4,37	1	2,403	4	3	4
Forno	1082	3	6,82	6	3	21,9	7	0,0383	7	—	3,44	5	2,875	2	3	6
Porchabella	743	5	7,68	5	2	22,7	6	0,155	3	3	3,33	6	2,148	5	1	4
Tambo	436	7	6,10	7	—	25,9	4	0,105	4	—	3,50	4	0,243	7	3	3
Picquogl	758	4	32,6	1	3	41,3	3	0,395	1	2	3,67	3	3,095	1	2	7
Differenzsumme in %				11,8					11,8					20
korrigiert				10					10					17
Serie D													
Rhône	1390	2	11,05	2	—	57,0	4	0,100	9	5	3,03	6	2,609	3	3	8
Ob. Grindelwald	1544	1	13,67	1	—	92,0	2	0,378	1	1	3,0	7	1,952	7	—	1
Lötschen	567	8	7,69	5	3	30,67	9	0,105	7	2	3,0	8	1,876	8	—	5
Stein	578	7	7,71	4	3	33,3	8	0,105	8	—	3,61	1	2,093	4	3	6
Hüfi	1034	6	7,62	6	—	90,3	3	0,129	6	3	3,08	5	3,207	1	4	7
Brunni	1388	3	8,17	3	—	55,0	5	0,238	4	1	3,21	4	2,09	5	1	2
Kehlefirn	1202	5	5,21	8	3	120,0	1	0,250	3	2	2,86	9	0,775	9	2	5
Kartigel	562	9	4,32	9	—	33,3	7	0,287	2	5	3,33	3	1,969	6	3	8
Lavaz	1315	4	7,20	7	3	49,3	6	0,161	5	1	3,33	2	2,642	2	—	4
Differenzsumme in %				13,3					22,2					15,5
korrigiert				11,3					18,9					13,2

Tabelle 4 (Fortsetzung)

Gletscher	Potential			Empfindlichkeit			Variation		
	Messung	Index	Diff.	Messung	Index	Diff.	Messung	Index	Diff.
Serie E									
Aletsch	1399 3	8,98 2	1	46,0 6	0,0162 10	4	3,0 3	5,509 1	2 7
Fiescher	562 10	7,40 5	5	32,1 8	0,040 9	1	2,63 9	1,592 10	1 7
Ob. Grindelwald	1865 1	9,17 1		100,6 3	0,338 1	2	2,81 6	3,541 4	2 4
Unt. Grindelwald	1335 4	7,49 4		139,0 1	0,146 4	3	2,86 5	3,693 3	2 5
Unteraar	1034 7	5,81 10	3	7,65 10	0,0179 8	2	2,65 8	1,985 8	5
Rhône	1300 5	8,53 3	2	76,5 5	0,129 5		3,10 2	2,120 7	5 7
Lötschen	1716 2	7,18 6	4	92,9 4	0,0703 7	3	2,65 7	2,92 6	1 8
Stein	602 9	6,87 9		16,67 9	0,116 6	3	2,50 10	1,796 9	1 4
Hüfi	1065 6	7,0 7	1	114,7 2	0,164 3	1	2,89 4	3,932 2	2 4
Brunni	710 8	6,90 8		40,0 7	0,251 2	5	4,28 1	2,92 5	4 9
Differenzsumme in%		16			24			20	
korrigiert		13,6			20,4			17	
Serie F									
Gaisberg	703 10	5,8 10		6,2 10	0,0725 6	4	2,62 10	0,621 10	4
Rotmoos	1447 6	6,54 9	3	40,0 6	0,095 5	1	3,25 6	1,562 7	1 5
Langtaler	1202 8	7,99 8		26,7 9	0,0332 10	1	3,33 4	2,146 4	1
Diem	1114 9	31,13 2	7	43,8 5	0,177 2	3	2,92 8	1,485 9	1 11
Schalf	1954 2	22,35 3	1	48,0 4	0,0657 8	4	3,67 2	4,423 2	5
Marzell	1933 3	16,20 5	2	125,0 1	0,181 1		3,28 5	1,72 5	2
Niederjoch	1475 5	21,7 4	1	33,2 8	0,0758 7	1	3,18 7	1,652 6	1 3
Sexegerten	1907 4	12,77 6	2	54,5 3	0,132 3		3,44 3	1,538 8	5 7
Gepatsch	1422 7	12,75 7		40,0 7	0,0622 9	2	3,82 1	9,544 1	2
Vernagt	2472 1	39,86 1		70,6 2	0,0979 4	2	2,81 9	4,226 3	6 8
Differenzsumme in%		16			18			14	
korrigiert		13,6			15,3			11,9	
Serie G									
Pasterze	452 6	7,16 8	2	18,0 8	0,0359 8	—	4,37 1	2,447 2	1 3
Lenkstein	401 7	10,8 7	—	12,7 6	0,109 5	1	3,33 3	1,545 5	2 3
Gaisberg	395 8	12,76 6	2	23,33 5	0,135 3	2	3,33 4	1,044 7	3 7
Rotmoos	564 5	12,95 5	—	12,37 7	0,0846 6	1	3,08 7	2,042 4	3 4
Langtaler	818 2	13,02 4	2	27,7 4	0,0377 7	3	3,46 2	3,006 1	1 6
Niederjoch	836 3	20,25 3	—	30,7 3	0,165 2	1	3,21 5	2,156 3	2 3
Rofenkar	1412 1	51,36 1	—	48,4 2	0,281 1	1	2,93 8	0,916 8	— 1
Taufkar	700 4	40,4 2	2	82,1 1	0,122 4	3	3,21 6	1,35 6	— 5
Differenzsumme in%		10			15			15	
korrigiert		8,5			12,7			12,7	
Serie H									
Gr. Elend	842 7	9,02 7	—	8,4 10	0,163 9	1	2,63 11	0,20 11	— 1
Kl. Elend	658 11	8,94 8	3	7,06 11	0,131 11	—	2,85 7	0,801 9	2 5
Goldberg	672 10	6,4 12	2	33,68 5	0,1745 6	1	3,16 5	1,224 6	1 4
Pasterze	432 12	8,38 11	1	6,4 12	0,035 12	—	3,64 1	1,358 5	4 5
Schwarzenstein	738 9	8,44 10	1	22,1 7	0,150 10	3	2,89 6	2,174 2	4 8
Horn	1650 3	11,57 4	1	32,4 6	0,168 7	1	3,41 3	2,845 1	2 4
Waxegg	1810 2	11,55 5	3	39,0 4	0,292 3	1	3,78 9	1,197 7	2 6
Daunkogel	1408 4	11,99 2	2	41,4 3	0,218 5	2	2,63 10	0,817 8	2 6
Grünau	1154 6	10,24 6		12,35 8	0,277 4	4	2,30 12	0,0906 12	— 4
Fernau	1242 5	11,97 3	2	56,3 1	0,402 2	1	2,81 8	0,396 10	2 5
Grübl	744 8	8,88 9	1	9,4 9	0,164 8	1	3,24 4	1,539 4	— 2
Fermunt	2682 1	12,2 1	—	53,1 2	0,771 1	1	3,44 2	1,586 3	1 2
Differenzsumme in%		13,3			13,3			16,6	
korrigiert		11,3			11,3			14,2	

Gletschern zweiter Ordnung, bei denen wesentliche Strukturelemente nicht entwickelt sind. In der Riesenferner-Gruppe hat der gleichnamige Hauptgletscher, subglazial schon in mehrere Teilfirne aufgelöst, kein einheitliches Leben mehr und entzieht sich auf solche Weise einer glaziometrischen Charakterisierung. Im Dammastock hat der Kehlefirn — die Schweizer unterscheiden schon etymologisch gut zwischen bloßen Firngletschern und Talgletschern, wie Claridenfirn und -gletscher, Blümlis Alpfirn und -gletscher, Grießenfirn und -gletscher — zwar einen Zungenstummel, aber unmittelbar vor der Gletscherstirn mündet noch ein ansehnlicher Zufluß, unter dem es keine Staulinie mehr geben kann.

Als unmöglich hat sich erwiesen, die Gletscher von Gruppen verschiedenen Aufbaues, wie Stubaier- und Ötztaler Ferner, Walliser- und Berner Oberland-Gletscher, in dieselbe Liste aufzunehmen. Ein solcher Versuch ergab eine größere Fehlersumme; hier machen sich eben von Gruppe zu Gruppe die morphologischen Unterschiede bemerkbar, so daß ein objektiver Vergleich nicht angeht. Man kann sie als Beweis dafür ansehen, daß charakteristische Formelemente einen bestimmten Einfluß auf die Schwankungen ausüben.

Es ist schließlich verständlich, daß auch innerhalb einer und derselben Gruppe Unstimmigkeiten auftreten. Man begegnet solchen selten in den östlichen Alpen, aber schon in den Ötztalern, mehr im Berner Oberland, wo die überdimensionalen Zungen von Aletsch- und Fieschergletscher oder das im Vergleich zur Zunge ganz unverhältnismäßig große Areal des unteren Grindelwaldgletschers größere Fehlerkomponenten hervorrufen; in der Wallisergruppe hat der Feegletscher im Empfindlichkeitsindex eine sehr große Abweichung, der Saleina (Mt. Blanc) im Variationsindex. Schwierigkeiten bereiten besonders jene Gletscher, die mit mehreren Armen unter die Staulinie herabgehen, sie ergeben einen glaziometrischen Komplex, der den Messungsergebnissen oft nicht entspricht. Offenbar sind hier eine Reihe von Bewegungserscheinungen nicht bis zur Stirn, zu den Meßstellen, gedrungen. Die Messungen sind an sich — abgesehen von den individuellen Abweichungen — richtig, aber sie repräsentieren nicht den komplementären Eisstrom. Beim zusammengesetzten Fieschergletscher (früher Termin) ist die Schwankungsbreite die geringste unter allen überhaupt einbezogenen Gletschern, so daß sich mit der aus den glaziometrischen Werten ermittelten Vergleichszahl eine sehr große Abweichung ergibt, weil eben die Messung durch den Einfluß eines Komponenten gestört wird.

Eine Reihe von kleinen Gletschern, besonders der Berner Alpen, kann in die Tabelle nicht aufgenommen werden, weil sie überhaupt keine Zungen mehr besitzen, zu Hangfirnen geworden sind, die allenfalls einen Lappen gegen den einstigen Trog senden, der aber keinen Stauraum anzeigt und damit des wesentlichen Elementes im glaziometrischen System entbehrt.

Bei der folgenden Darlegung der einzelnen Gruppen kommen wir auf solche Sonderbildungen und Eliminierungen zurück.

5. Ergebnisse der einzelnen Serien

Da hier die Zusammenfassung von Gletschern nicht im Sinne des geographischen Terminus „Gruppe" erfolgt, sondern Teile des Alpengebirges betrifft, die unter Umständen mehrere geographische Gruppen umfassen, die benachbart, von ähnlichem Bau und ähnlichen klimatischen Verhältnissen sind, gebrauchen wir den Ausdruck „Serien". Er erleichtert auch die Teilung desselben Gruppenkomplexes in eine frühere und eine spätere Serie, da es sich gezeigt hat, daß nicht nur die morphologischen Grundlagen, sondern auch die Perioden der Messungsreihen mit Änderungen in der Art der Schwankungen verbunden sind. Wo die Nachmessungen hinreichten, vereinigten wir zusammengehörige Gletscher in einer früheren Serie, die von der Wende des 19. Jhs. bis zur Mitte des 2. Jahrzehntes unseres Jhs. reicht. Um eine angemessene Zahl von Objekten zu erhalten, wurden Gletscher der östlichen Teile der Ostalpen mit solchen der Ötztaler in einer frühen Serie zusammengezogen, was in diesem Falle auch ohne besondere Differenzen möglich war.

Wir erhalten folgende Serien: A. Eine frühe der Walliser Alpen von der Ostflanke des Mt. Blanc bis zum Simplon (1897 bis 1918). B. Eine spätere Serie desselben Gebietes (1918 bis 1936). C. Eine frühe Serie der Engadiner Alpen, besonders der Schweizer Seite der Berninagruppe (1897 bis 1914). D. Eine frühe Serie von Gletschern des Berner Oberlandes, der Urner und Glarner Alpen (1897 bis 1917). E. Eine spätere Serie dieses Gebietes (1917 bis 1938). F. Eine spätere Serie von Gletschern der Ötztalergruppe (1922 bis 1950). G. Eine frühe Serie von Gletschern der Hohen Tauern, Zillertaler- und Ötztaler Alpen (1897 bis 1916). H. Eine spätere Serie von Gletschern zwischen der Hochalm- und der Stubaiergruppe (1916 bis 1950).

Jeder Serie werden eine Statistik der nachgemessenen und der für Vergleichszwecke brauchbaren Gletscher sowie Gründe für die Eliminierung einzelner Gletscher vorausgeschickt. Es folgen dann Erläuterungen zu den Tabellen der Schwankungsdiagramme, der glaziometrischen Grundlagen und der Vergleichsergebnisse von Messung und Rechnung.

Serie A. Walliser Alpen, Frühtermin

In den Jahresberichten des Schweizer Alpenklubs sind für die Jahre 1897 bis 1918 die Nachmessungsbeträge von 19 Gletschern der Walliser Alpen zwischen Mt. Blanc und Simplon veröffentlicht. Davon scheiden gleich mehrere aus, weil die Messungen nur wenige Jahre umfassen oder mehrmals unterbrochen sind oder keine nennenswerten Veränderungen aufzeichnen. Die drei kleinen Gletscher der Diablerets, nämlich Plan nevé, Paneyrosse als bloße Karfirne und der Prapioz als Schluchtgletscher kommen nicht in Betracht, aber auch nicht der wesentlich größere Zanfleuron, der in seiner Messungsreihe plötzlich einen Rückgang von 132 m (1904) inmitten sonst mäßiger Schwankungen aufweist, die größte Differenz, die in den Schweizer Alpen gemessen wurde. Und 1926 bewies er mit einem plötzlichen Wachstum von 71,5 m ein „revolutionäres" Verhalten, ausgelöst durch eine Druckwelle, die mit der klassischen des Vernagt verglichen wurde. Der steile Aufbau des Plateaus macht sich bei diesem Gletscher durch ein langes flaches Firnfeld und eine ganz kurze Zunge ohne merkliche Stauung und die niedrige Umrahmung bemerkbar. Eine Luftbildaufnahme von 1928 zeigt diese morphologischen Gegebenheiten deutlich[18]. Die Nachmessungen ergaben eine große Schwankungsbreite, die in Anbetracht der relativ kleinen Firnfläche wenig glaubhaft ist. Der Zanfleuron ist eben kein Talgletscher und die Firnmasse auf dem Plateau gegenüber dem schwachen Rahmenrelief überwältigend. Von den restlichen Gletschern fallen noch der Arolla-, der Fee- und Roßbodengletscher weg, denn bei ersterem liegen für die Jahre 1901 bis 1908 keine Messungen vor, in welchem Zeitraum sieben benachbarte Gletscher je 2 bis 2½ Wachstumsspitzen aufweisen. Ihr Fehlen bringt diesem Gletscher die niedrigste Variationszahl der Serie ein (2,33), während sie für denselben Gletscher im späteren Termin die drittgrößte ergibt (3,57). Das Messungsdiagramm entspricht daher keineswegs den abgelaufenen Schwankungen. Der größere östliche Teil des Feegletschers hat keinen Abfluß zur Zunge. Ihre rudimentäre Stellung im Vergleich zum langgestreckten Firnfeld hat einen großen E-Index zur Folge, dem die geringe Kurvenentwicklung nicht entspricht. Was den Roßbodengletscher betrifft, so sind die Gegebenheiten so, daß sich an das Zungenende abwärts 2340 m auf der rechten Seite Firne anlehnen, die aus Lawinen stammen, aus den Schluchten des Breitlaubstockes. Das Messungsergebnis am Zungenende ist dadurch von seitlichem Fremdeis gestört, wodurch der errechnete E-Index wegen der Kürze der Zunge außergewöhnlich hoch ist. Dazu kommt, daß zu Beginn des Jahrhunderts und wieder 1923 gewaltige Eisstürze vom Fletschhorn starke Druckwellen erzeugten[19], die die Bewegungsstruktur zerrütteten („fracas"). Bei allen Testen ein Außenseiter.

So blieben für unsere Versuche neun Gletscher, deren kartographische Unterlage der Siegfried-Atlas bildet, dessen betreffende Blätter den Gletschern nachgesetzt sind.

1. Saleina im NE des Mt. Blanc-Stockes, noch dem Rhonetal zugewandt (S. A. 529), ein mittelgroßes, aber breit ausladendes Firnfeld mit einer sehr schmalen, mäßig langen Zunge in tiefem Trog. Das Firnfeld liegt im Rahmen der C. 3225 im N und Tita Nair im S. Die Staulinie liegt in 2610 m am Übergang vom flachen Firn zur steilen Zunge.

2. Ferpècleglestcher im Talschluß des Val d'Hérens (S. A. 528, 531). Seine Zunge lehnt sich an die des Gl. du Montminé, ist aber durch eine von diesem Bergstock ausgehende Mittelmoräne völlig getrennt. Die Zunge ist zwar nach dem rechten Firnfeld Ferpècle benannt, sie hat aber keinen oder nur einen unwesentlichen Einfluß auf die Reaktion der Gletscherstirn; maßgebend ist der linke Arm, der aus einem langgestreckten, relativ schmalen Firnfeld kommt, die Siegfriedkarte hat eine Verzeichnung, wenn sie im Firnraum zwischen Col de Bouquetins und Tête Blanche den Abfluß nach Süden zuweist. Der Abfluß der Aig. de la Za nördlich der C. 3028 und 3039 hat keine Verbindung mit der Zunge und wird eliminiert. Die Staulinie liegt um 2820 m auf der Höhe des Eisbruches.

3. Gornergletscher (S. A. 535). Noch eignet der „Schwarze Gletscher" als bis zur gemeinsamen Stirne wirksame Komponente dem großen Gornergletscher, dem auch der Mt. Rosa- und der Grenzgletscher zugezogen werden, während die durch eine mächtige Moräne getrennten Breithorn- und Unt. Theodulgletscher bereits am „Bodengletscher" auslaufen. Die Eisscheide gegen den Findelengletscher liegt zwischen den C. 3466, 3415 und 3595. Eliminiert ist der isolierte Firn auf dem Schwärzestock, die Nunatakker „Ob See" und „Plattje" sowie größere Felsfenster. Die Staulinie in 2630 m trennt die steile Böschung der Zuflüsse und der Sammelmulde in der Verengung zwischen „Auf der Mauer", den Spornen der „Schwärze" und des Kl. „Triftje". Die Firngrenze wurde in 3180 m angesetzt.

4. Zinalgletscher (S. A. 528). Vier kräftige Mittelmoränen zeigen die Zusammensetzung des Gletschers aus fünf mittelgroßen Firnfeldern an, sind aber bis zum Zungenende völlig miteinander verschmolzen, alle haben Abfluß zur Staulinie, die in 2580 m an der Grenze eines Böschungswechsels liegt.

5. Zigiorenovegletscher (S. A. 530) mit weit zurückgezogenem, aber relativ kleinem Firnfeld. Die Siegfriedkarte ist im Hintergrund des Firnfeldes gegen La Serpentine verzeichnet, sie zieht den Firnfeldteil nördlich der C. 3788 und 3795 (der Neuen Karte) zum Glac. Durand Seillon, statt zum Glac. Zigiorenove. Daher ist dort der Flächeninhalt kleiner als auf der neuen Landesaufnahme und wurde demgemäß korrigiert, ohne daß er dadurch den der späteren Aufnahme erreicht. Die Zunge dürfte in der frühen Aufnahme zu schmal eingetragen sein. Die Staulinie liegt in 2800 m am Fuße von Eiskaskaden.

6. Der Grand Desertgletscher (S. A. 527) hat eine ungewöhnliche Formung, indem das Firnfeld eine flache Gasse zum Col de Cleuson (3211 m) bildet, beidseitig von steilen Firnhängen begleitet. Die im östlichen Teil der Zunge auftretende Moräne wurde in die Fläche einbezogen, weil sie wohl über Eis lagert. Ein Wechsel des Böschungswinkels in 2800 m weist auf die Staulinie hin.

7. Allalingletscher (S. A. 533, 534, 535). Die Zunge reicht bis 2100 m Höhe in den Talgrund der Mattmark. Das Areal ist auf der Siegfriedkarte offenbar zu klein, weil hier die Breite des Firnfeldes um 100 bis 200 m kleiner als auf der Landesaufnahme ist. In 2940 m verläuft die Staulinie, wo die Grenze gegen die Zunge des Hohlaubgletschers aper wird und ein jäher Vorsprung des Schwarzen Berges eine Einengung bewirkt. Bekannte Stauseeausbrüche (sehr großer E-Index).

8. Turtmanngletscher (S. A. 487, 500, 528, 533). Das große, durch zwei mediale Felsfluchten kaum unterbrochene Firnfeld ist deutlich abgegrenzt; nur ein kleiner Firnzwickel oberhalb des C. 2760 ist ohne Abfluß und daher eliminiert. Der Felsstock teilt den Abfluß zur Zunge und bildet den Stauraum mit der Isohypse 2760, die namentlich im westlichen Arm eine flache Firnpartie vom Eisbruch trennt. Hohe Firngrenze in 3120 m.

9. Valsoreygletscher am Nordhang des Mt. Velan (S. A. 582), kleiner Gletscher von einfachem Bau. Nur der östliche Teil kommt als Zubringer für das Zungenende in Frage, der

westliche ist durch Moränen abgeschlossen und ohne namhafte Einwirkung. Staulinie in 2610 m vor Eisstufe.

Die aus den Messungen abgeleiteten kleinen Spitzenzahlen dieser Gruppe, die eine namhafte Kontinuität der Detailschwankungen andeuten, finden in den Resultaten der Formel einen klaren Spiegel: Mit nur 6 Fehlpunkten (6,7%), mit Berücksichtigung der subjektiven Fehlerquellen 5,7%, hat diese Serie unter allen den geringsten Fehlerbetrag in der V-Sparte, 6 Gletscher stimmen vollständig überein und nur der Zinal springt mit drei Fehlern aus der Reihe, sein Stauwinkel ist der größte der Serie, den auch das zweitgrößte a nicht paralysieren konnte. Weniger befriedigend ist das Ergebnis beim E-Index mit 18 Fehlern (korrigiert 17%), weil die Kurvenentwicklung bei einigen Gletschern, besonders beim Turtmann, sehr bedeutend ist, hinter der die Rechnung etwas zurückbleibt. Allalin und Saleina haben kurze Zungen, demnach auch hohe Empfindlichkeit; die niedrigen Werte von E ergeben eine gute Übereinstimmung.

Die Fehlersummen der drei Sparten zusammengenommen sind für die einzelnen Gletscher mit 2 bis 5 eigentlich gering, nur Ferpècle und Saleina machen mit 7 eine Ausnahme. Beim letzteren ist dies auf den sehr schroffen Aufbau des Massivs zurückzuführen, der dem flächenmäßig kleinen Gletscher eine so große Schwankungsbreite verleiht, daß der Vergleich mit den Gletschern der Monte Rosa-Gruppe nicht gerecht ausfällt. Sehr gering ist die Fehlersumme beim Zigiorenove (1), der wie auch in der späteren Serie als normal gebauter Gletscher angesehen werden kann, nicht anders für den früheren Termin der Valsoreygletscher.

Serie B. Walliser Alpen. Spättermin

Von 12 Gletschern liegen hinreichende Messungen vor, die in die Zeit zwischen 1916 und 1936 fallen. Von ihnen kommen der Roßboden- und der Trientgletscher nicht in Betracht; für ersteren gilt das bereits bei der Serie A Dargelegte. Beim Trientgletscher (Mt. Blanc) sehen die Messungsdiagramme der früheren und der späteren Serie gänzlich verschieden aus; es sollte das Diagramm A wie bei den anderen Gletschern ausgeglichener sein als das Diagramm B. Hier ist das Umgekehrte der Fall und steht in Widerspruch zum benachbarten Saleinagletscher; für die Variationsrechnung fehlen ausgesprochene Spitzen und zwischen den Andeutungen solcher liegen auch unveränderte Stände, so daß sich der Eindruck verstärkt, daß die Messungen die Bewegungen des Gletschers nicht erfaßten.

Die übrigen zehn Gletscher sind bearbeitet nach der Neuen Landeskarte der Schweiz.

1. Saleina (L. K. 282). Die Firne östlich der Linie Aiguilles dorées C. 3509 und (auf der Südseite) östlich des Col. de Planeureuse enden in Felsstufen hoch über der Zunge. So bleiben in dem einheitlich gebauten Firnfeld nur wenige, steilragende Zubringer zurück, die in 2640 m ihre Stauung erfahren.

2. Arollagletscher (L. K. 284). Das Firnfeld und der Beginn der beiden Zungen sind durch den Felsstock des Mt. Colon unterbrochen. Die beiden Arme Haute Glace de Arolla und Glace du Mt. Colon stehen nicht mehr in Verbindung, sicherlich aber noch während unseres Beobachtungstermines, freilich nur so schwach, daß eine paralysierende Wirkung ausbleibt, die sonst beim stumpfwinkeligen Aufeinandertreffen von Gletscherarmen zu beobachten ist. Was westlich des Firnrückens von Petit Mt. Colon (3537) zum Roc Noir liegt, hat keine Verbindung mit der Zunge und bleibt unberücksichtigt. Die Staulinie in 2850 m Höhe gilt für die engsten Stellen beider Arme. In den sehr hohen Schneegrenzlagen dieses Gebietes konnte mit Rücksicht auf die Nordseite und den sonst zu kleinen Ernährungsraum nicht über 3200 m emporgegangen werden.

3. Der Ferpècle (L. K. 283) hat ein geteiltes Firnfeld und zwei Zungen, wovon die westliche für den späteren Termin noch wesentlicher ist als für den früheren, denn der rechte Arm hat sich weit zurückgezogen, ist seit 1930 überhaupt selbständig und kommt nicht zur Berechnung, und im W. hat das Firnfeld der Aiguille de la Za auch nicht mit

seinem schmalen Lappen zur C. 2579 Verbindung mit der Zunge und ist nicht berücksichtigt. Die Staulinie in 2800 m ob dem Eisbruch ist sehr kurz.

4. Gornergletscher (L. K. 284). 6 Gletscher setzen den mächtigen Eisstrom zusammen, aber nur der Mt. Rosa- und der Grenzgletscher tragen noch so viel zur Masse bei, daß sie bis zum tief gelegenen Zungenende durchhalten. Die Felsfenster „Plattie" und „Ob dem See" sind in die Firnfläche nicht einbezogen. Der verbliebenen Zungenbreite am Zusammenfluß der zwei genannten Komponenten entspricht die Stauung in 2660 m, welche die Entwicklung der Isohypsen deutlich anzeigt.

5. Der Allalingletscher (L. K. 284) ist vom Hohlaubgletscher bereits getrennt, hat daher ein schmales Firnfeld mit kräftiger Zunge. Die lange Staulinie liegt in 3000 m Seehöhe, wo sich zwei Firnmulden vereinigen. Demnach ist der Stauwinkel sehr klein, doch in ziemlicher Übereinstimmung mit dem großen Spitzenabstand.

6. Der Zinalgletscher (L. K. 283) wurzelt in fünf mittelgroßen Firnbecken, von denen das nördliche gerade noch vor der Stauung mit der Isohypse 2500 mündet.

7. Zigiorenovegletscher (L. K. 283). An der Einengung des kleinen, schmalen und steilen Firnfeldes verläuft die Staulinie in 2800 m Seehöhe am Fuß eines mächtigen Eisbruches, dem wohl die starke Kurvenentwicklung zuzuschreiben ist. Er ist „durch seine große Beweglichkeit und sein rasches Reagieren auf Klimaschwankungen schon lange bekannt" (H. Kinzl)[20]. Die Koeffizienten von P und E entsprechen diesem Verhalten.

8. Beim Turtmanngletscher (L. K. 273, 274, 283, 284) hat das nördliche Firnfeld keine Verbindung mit der Zunge; zwischen C 2913 und dem Brunegggjoch (2365 m) zeigt eine Firnwelle die Zugehörigkeit der Eisflächen zum Turtmanngletscher an. Trotz des langgestreckten Firnfeldes resultiert aus der kurzen Staulinie in 2780 m auf der Krone eines Eisbruches ein großer Stauwinkel, der der Häufigkeit der Wachstumsspitzen entspricht.

9. Der Grand Desertgletscher (L. K. 283) ist ein kleiner Gletscher, auf dessen abnormale Gestaltung bereits bei Darlegung in der Serie hingewiesen wurde. Die Firnhänge östlich des Grand Mt. Calme kommen als abflußlos nicht in Betracht. Die Staulinie wurde am Fuß eines steilen Eishanges in 2840 m angesetzt.

10. Der Valsoreygletscher (L. K. 586) hat durchaus hochgelegene Bauelemente. Die Zunge erreicht nicht mehr das Ende des Glac. de Tseudet, so daß keine Beeinflussung anzunehmen ist. In 2720 m ist die Stauung ober flachen Eisbrüchen ganz deutlich.

Mit den Messungsergebnissen der Sparten stimmen die der Rechnung nicht so günstig überein wie in der früheren Serie. Die mittlere Länge der Staulinie ist um rund 100 m kürzer geworden (1383 : 1282), so daß bei annähernd gleichgebliebenem Areal der Stauflächen der Winkel φ etwas größer wurde; aber viel mehr sind die a-Werte gestiegen, so daß die Berechnung des Variationsindex niedrigere Resultate erbrachte und die Differenz gegenüber der gestiegenen Spitzenzahl (Mittel 2,90 : 3,05) größer wurde. Bei fast allen Gletschern sind die V-Werte demnach kleiner geworden, besonders beim Saleina, dessen Differenz das Fehlermittel der Serie sehr beeinträchtigt, ferner beim Grd. Desert und Ferpècle. Die im früheren Termin bereits kleinen Werte haben sich wenig verändert. Im allgemeinen aber steht dem unruhiger gewordenen Leben der Walliser Gletscher eine wenig veränderte Spitzenzahl gegenüber.

Etwas günstiger ist das Verhältnis in der Empfindlichkeitssparte, wo die meisten Gletscher eine völlige Übereinstimmung zwischen Messung und Rechnung zeigen. Die Messungsbeträge liegen etwas niedriger als beim früheren Termin, die Rechnungsergebnisse etwas höher, weil das bedeutungsvolle c (wahre Zungenlänge) kleiner wurde. (3010 : 3100 m). Zinal und Zigiorenove stehen in der Kurvenentwicklung an der Spitze. Bemerkenswert ist der Arollagletscher, der aufgenommen werden konnte, weil die Verbindung zwischen den beiden Zungen, die früher die Messungsergebnisse beeinflußt hatte, nur mehr schwach und wirkungslos ist. Auch in dieser Sparte weisen die kleinen Werte eine günstige Übereinstimmung auf.

Im Gletscherpotential bringt die Formel wegen der Verkleinerung des Ernährungsraumes dem Saleina und dem Grand Desert einen geringeren Index, mit dem die Messung schlecht übereinstimmt. Beim Valsorey beeinflußt die bei der Hochlage der Zunge verringerte Einstrahlung den P-Index positiv. Im übrigen treten nur geringe Fehlerpunkte auf und das Mittel ist mit 13,6% als günstig zu bezeichnen.

Serie C. Berninagruppe

Diese Serie umfaßt mit Nachmessungen der Jahre zwischen 1897 und 1914 neben vier großen Gletschern der Bernina auch drei der Gebirgszüge nördlich des Bergell und Engadin; leider ist von einigen die Messungsdauer recht kurz, was mit Rücksicht auf die geringe Zahl der geeigneten Gletscher eben in Kauf genommen werden muß.

1. Morteratschgletscher (S. A. 521). Die größeren Felsfenster im Firngebiet wurden eliminiert, die Staulinie in 2520 m schließt alle Zubringer ein. Der große Gletscher ist in Spitzenzahl und Basisentwicklung auffallend schwach.

2. Roseggletscher (S. A. 521). Die Firne nördlich vom Capütschin sind nicht berücksichtigt. Durch den Felsstock Agua glionis ist das Firnfeld in zwei Teile geschnitten, aber die in spitzem Winkel (szt. noch) vereinigten Zungen behindern sich nur wenig. Die beiden Staulinien haben verschiedene Höhe, das Vadret Tschierva in 2520 m, das Vadret da Roseg in 2460 m, in beiden Fällen zwischen steilgepreßten Firnrändern und der flachen Zungenwurzel.

3. Palügletscher (S. A. 521, 522). Im Norden fällt das kleine Firnstück zwischen P. Carales und dem südlich gegenüberliegenden Felssporn als abflußlos weg. Sehr groß sind bei diesem Gletscher Schwankungsbreite und Spitzenzahl.

4. Fornogletscher (S. A. 520, 523). Deutlicher Abschluß der Hauptfirnmulde durch eine geradlinige Staulinie in 2600 m. Der östliche Seitenfirn mündet erst unterhalb der Staulinie, muß aber mit gleich hoher Staulinie in die Berechnung einbezogen werden. Sehr geringe Kurvenentwicklung.

5. Porchabella (S. A. 427). Die Firne nördlich der C. 3079 nordwärts bis zum Auftauchen einer Mittelmoräne haben keine Verbindung mit dem Abfluß und sind nicht berücksichtigt, desgleichen das Firnstück nördlich der C. 3060 gegen den Trogansatz. Die Firnmulde geht in eine breite, nur allmählich sich verschmälernde Zunge über, was die Festlegung der Staulinie erschwert. Wir verlegen sie in 2700 m, wo die steilere Böschung der Zunge beginnt.

6. Tambogletscher (S. A. 505). Zwischen Bernhardin- und Splügen-Paß, ein kleiner, geschlossen gebauter Gletscher mit steilem, felsdurchsetztem Firnfeld und breiter Zunge ohne deutliche Stauungszone, in der die Isohypse 2520 dem Begriff am nächsten zu kommen scheint.

7. Picquoglgletscher (S. A. 517). Die Firnflächen dominieren stark über eine kleine Zunge. Das Firnstück des Pic Traunterovas hat keinen Abfluß und wird eliminiert. Die Staulinie liegt mit 2850 m sehr hoch.

Die 7 Gletscher fügen sich recht gut in die glaziometrischen Formeln. Im Variationsindex sind nur Palü- und Tambogletscher etwas different, ersterer ob seiner außerordentlich hohen Spitzenzahl, letzterer wegen des hohen α- und des niedrigen φ-Wertes. Mit (korrig.) 15,8% reihen sich die alten Berninagletscher in die Norm der anderen Gruppen ein. Im E-Index (korrig.) mit 17% korrespondieren die niedrigsten und höchsten Werte günstig mit den Rechnungsergebnissen, nicht so der Roseg infolge seiner außergewöhnlich starken Basisentwicklung. Sehr günstig ist das Ergebnis beim Potentialindex (korrig. 12,1%), der des Picquoglgletschers ergibt wegen des starken Firnflächenrückganges ein zu hohes Resultat, während beim Forno die ausgedehnte Zunge die Ernährungsbilanz herabsetzt.

In der Fehlersumme der drei Sparten wiederholen sich die Zahlen 4 und 5, also günstige Mittelwerte, nur Picquogl und Roseg gehen darüber hinaus.

Serie D. Berner Alpen, Frühtermin

Die meisten Gruppen der Schweizer Nordalpenkette beherbergen Gletscher, aber nur im Berner Oberland, in den Urner- und Glarner Alpen haben wir Gletscherzentren vor uns, die an jene der Wallisergruppe herankommen. Auch einige des Vorderrheingebietes können wegen ihrer Nachbarschaft jenseits der Diagonalkurve mitgerechnet werden. In den genannten Gebirgsteilen sind in den Berichten des Schweizer Alpenklubs 22 Gletscher aufgenommen, die wenig gestörte Reihen aufweisen. Leider fehlen in diesem Zeitabschnitt (1897 bis 1917) ausreichende Messungen für die großen Gletscher Unteraar und Untergrindelwald, sowie für eine Anzahl kleinerer. Von den 15 übrigen waren Blümlisalp-, Grießen- und Puntaiglasgletscher schon damals nur mehr Hangfirne mit einer nicht eindeutig feststellbaren Staulinie, da ihr Firnfeld ganz allmählich und gleichmäßig in den Zungenlappen übergeht, überdies die Erscheinungen einer Stauung nicht zu bemerken sind. Beim Sardonagletscher ist nur mehr ein Lappen von der einst viel größeren Ausdehnung geblieben.

Eine besondere Stellung nimmt der Aletschgletscher ein, der bei den E- und V-Indizes so große Differenzen zwischen Messung und Rechnung ergibt, weil offenbar die außerordentliche Zungenlänge sich störend auswirkt. Die Größe des Stauwinkels dürfte wohl zahlreiche Wachstumsspitzen hervorrufen, die aber nicht bis zum Zungenende geleitet werden; die durch die Messung bestätigte starke Basisentwicklung dürfte ebenfalls infolge der Länge der Zunge und des Druckes des Mittelaletschfirns paralysiert werden. In noch höherem Maße ist dies beim Fieschergletscher der Fall, bei dem während des Frühtermins ebenfalls eine große Differenz zwischen Messung und Formel besteht. Er erreicht nur eine Schwankungsbreite von 258 (der benachbarte Aletsch 1374) und nur eine Entwicklung von 1,25 (Aletsch 43,2). Die Messungen haben damals die Aktivitätsbilanz nicht erfaßt, vermutlich, weil die kräftige Komponente des Studerfirns in wirksamer Querrichtung störend eingriff, wie an einer Stelle der Vereinigung im Isohypsenverlauf zu erkennen ist; erst weiter abwärts hält eine Naht die beiden Komponenten auseinander, die auch getrennte Zungenspitzen haben. Beide Gletscher kommen für unsere Betrachtung nicht in Frage. Es bleiben hiemit für diese Gruppe neun Gletscher.

1. Der Rhonegletscher (S. A. 488, 489, 492, 493) mit geschlossener, langgestreckter Firnfläche und breiter Zunge, deren westliche Hangfirne unter den Gerstenhörnern und den hinteren Gelmerhörnern an der C. 3150 nicht einbezogen werden, weil sie wegen einer Felsflucht, die im südlichen Teil übereist ist, keine volle Verbindung mit der Zunge besitzen. Die Lagen um 2600 m kommen für die Staulinie in Betracht, gewählt wurde für die Serie D 2630 m. Zwischen Siegfried-Atlas und der neuen Landesaufnahme bestehen gerade auf diesen Blättern namhafte Unterschiede (selbst bei trigonometrischen Punkten) bis 23 m. Die Messungsreihe konnte für die Lücke des Jahres 1899 unschwer interpoliert werden, weil die Gletscher der Nachbarschaft, Aletsch, Fiescher und Lötschen, dafür sicheren Anhalt bieten.

2. Steingletscher (S. A. 394). Ein Firnrücken von einem Punkt wenig westlich des Gwächtenhorns zum Thierbergle und der steile Firnhang zwischen diesem und dem Bockberg trennen den Stein- vom westlich benachbarten Steinlimmigletscher; die Isohypsen des letzteren zeigen keine Beeinflussung der Steingletscherzunge an, obwohl eine freilich kaum 200 m breite Eisschwelle zwischen dem Nordende des Thierberges und dem Südende der Seebodenhalbinsel vorhanden ist. Damit haben wir es mit einer einheitlichen Zunge des Steingletschers zu tun. Das Firnstück nördlich vom Gletscherhorn in der Westumrahmung (C. 3492) hat keinen Abfluß zur Zunge und wird daher eliminiert. Die Staulinie verläuft in 2600 m beim Ansatz des hufeisenförmigen Eisbruches.

3. Obergrindelwaldgletscher (S. A. 396). Der Firnfeldteil unter den Wetterhörnern, begrenzt durch einen Firnrücken zwischen C. 3607 des Rosenhorns und der C. 2478 beim

Zungenansatz, hat keinen Abfluß und wird nicht berücksichtigt. Ein schmaler Grat trennt im Westen zwischen C. 2888 und 3130 vom Firn des Wechselgletschers. Der beidseitige Felsrahmen beim Zungenansatz zwingt zur Festlegung der Staulinie bei 2430 m und deren Beibehaltung im westlich anschließenden Firnhang.

4. Lötschengletscher (S. A. 488, 489, 492, 493). Staulinie in 2490 m an der engsten Stelle des Zungenansatzes beim Westsporn des Schienhorns; dessen Firn hat keine Verbindung mehr mit der Zunge, wohl aber der Ausgang des Anenfirns.

5. Der Hüfigletscher (S. A. 403, 404) hat ein weit ausgreifendes Firnfeld mit sehr großem Stauwinkel, der stark mit der kleinen schmalen Zunge kontrastiert. Vom Firnfeld sind auszuschließen: im Westen das Stück zwischen C. 2165 (Zungenansatz) zur C. 2856 östlich Düssistock und im Norden das Firnstück zwischen Großem Scheerhorn (C. 3296) und den Felsbänken bei C. 2547. Die Staulinie folgt der Isohypse 2310 m in einer Firnverebnung des Zungenansatzes.

6. Beim Brunnigletscher (S. A. 407) ist die Zunge aus der Fallrichtung des Firnfeldes weggebogen, breit mit allmählicher Verengung; die Staulinie liegt in 2460 m unter dem Eisbruch. Der Firnteil nördlich der Linie C. 3049 (östlich Oberalpstock) zur C. 2806 endet in breiter Front abflußlos.

7. Kehlefirn (S. A. 394, 398). Die Stirn lag in 1920 m, die Staulinie in 2160 m, nur 240 m höher, denn an der Westseite reicht einseitig ein Hangfirn bis an die Isohypse von 2220 m herab. Der Trogboden setzt sich mit sanftem Anstieg bis 3000 m empor fort (unter dem hinteren Thierberg). Die einseitige abnormale Formung, in der die Messungen eine relativ große Schwankungsbreite und die größte Basisentwicklung der ganzen Serie anzeigen, ließ gerade noch eine Verwertung zu.

8. Kartigelgletscher (S. A. 394). Der kleine Gletscher mit breitem Firnfeld und sich allmählich verschmälernder Zunge (auf der Karte ist nur von Kartigel-„Firn" die Rede). Die Staulinie wurde in 2400 m angenommen.

9. Lavazgletscher (S. A. 412). In 2500 m Seehöhe, wo die Staulinie ansetzt, endet linksseitig noch ein Zubringer, der zur C. 3055 emporführt. Der Firn unter dem Fielunggrat hat keine Verbindung mehr mit dem Gletscher und wird nicht berücksichtigt.

Die Spitzenzahlen bringen es in dieser Gruppe nur zu relativ niedrigen Werten, deren letzte (7, 8, 9) gut mit der Formel korrespondieren, so daß sich nur 15,5% Fehler ergeben. Am meisten differiert der Hüfigletscher mit 4 Fehlpunkten, der einen sehr geringen α-Wert hat und damit an die erste Stelle des γ-Index tritt, dem die Messung nicht entspricht. Es ist nicht ganz klar, was bei diesem Gletscher in den direkten Abflußbereich fällt, so daß die Fläche vielleicht zu groß veranschlagt wurde und φ damit einen beträchtlichen Wert erhielt. Stein- und Kartigelgletscher stehen in der Spitzenzahl an vorderster Stelle, denen das Rechnungsergebnis nicht ganz gerecht wird, aber es entspricht bei gleichem α der Höhe des φ. Für den E-Index sind die Ergebnisse weniger günstig (korrig. 18,9%), wenngleich auch hier die niedrigen Werte gut übereinstimmen. Rhone- und Kartigelgletscher sind mit 5 Fehlern belastet, was bei ersterem auf den Einfluß der Länge, bei letzterem auf die stumpfe kurze Zunge zurückgeht. Die Basisentwicklung ist bei den Berner Gletschern während des Frühtermins größer als die gleichzeitige der Walliser. Günstig sind die Ergebnisse beim Potentialindex (korrig. 13,2%), zumal die höchsten und niedersten Werte daran teilnehmen. Der kleine Lavazgletscher hat eine große Schwankungsbreite, der die Formel nicht gut entspricht, ebenso der Kehlefirn, bei dem allerdings aus schon angeführten Gründen die glaziometrischen Grundlagen eine besondere Lagerung haben.

Bei Hüfi-, Rhone und Kartigelgletscher sind die Fehlersummen beträchtlich und gehen hauptsächlich auf den E-Index zurück. Obergrindelwald-, Lötschen- und Brunnigletscher fallen als damalige Normalgletscher auf.

Serie E. Berner Alpen, Spättermin

Die Messungstermine liegen zwischen 1915 und 1936 und umfassen meistens 19 Jahre, nur der untere Grindelwald- und der Brunnigletscher weisen nur eine Dauer von 14 Jahren auf. Zu den in die Serie D aufgenommenen Gletschern kommen jetzt Aletsch- und Fiescher dazu, bei welchen die Beeinflussung des Hauptarmes durch die schwächer gewordenen Komponenten geringer wurde, ferner der Untere Grindelwald- und der Unteraargletscher, während Kartigel-, Kehlefirn- und Lavazgletscher durch ihre fortgeschrittene Reduktion auf Hangfirne wegfallen. Wir haben damit 10 Gletscher in der Liste. Da die gegenwärtigen Firngrenzhöhen nicht veröffentlicht wurden, mußten sie, um der stark geänderten Lage Rechnung zu tragen, im jeweiligen Bereich nach der Gipfelmethode bestimmt werden, wozu die neue Schweizer Landesaufnahme hinreichend Unterlagen bietet.

1. Der Aletschgletscher (L. K. 264). In der riesigen Fläche des mehrfach zusammengesetzten Gletschers bleibt, abgesehen vom unteren Aletschgletscher, der überhaupt keine Verbindung mit der Hauptzunge hat und ein selbständiger Gletscher ist, auch der mittlere Aletsch unberücksichtigt, dessen Wirksamkeit sich am Widerstand des „Inneren Aletsch", einer scharf vorspringenden Felsflucht des rechten Ufers, unter Moränenbildung bricht. Innerhalb des Troges ist sonst nur mehr ein unwesentlicher Firn südlich des 4. Dreiecks vorhanden. Die Pressung von vier Teilfirnen erfolgt bei deren Zusammentreffen am Concordia-Platz mit der Isohypse 2780 m, die sich an die Trogpforten zwischen Faulberg und 4. Dreieck anlehnt. Im Stauwinkel und in der Kontinuität kommt die umfangreiche Firnfläche zur Geltung, während die Ergebnisse für Empfindlichkeit und Potential infolge der abschwächenden Wirkung der langen Zunge normal sind.

Zur Feststellung der Firngrenzhöhe: Westlich des Jungfraugipfels liegt in den Karen von 2900 bis 3000 m kein Firn. Im Fiescherhorn-Bereich tragen Gipfel von 3000 m (Strahlgrat) keinen Firn. Selbst im breiten Kar am Eggishorn (2926 m) keine Spur; ähnliches gilt vom Gebiet des Lötschbergletschers. Die Schneegrenze muß rings um den Aletsch zwischen 3000 und 3100 m angenommen werden.

2. Fieschergletscher (L. K. 264). Beim Fiescher- und dem zuströmenden Studerfirn erfolgt die Stauung beim Eintritt der steilen Firnfelder in die schwach geböschte Weitung zwischen C. 2900 und dem Beginn des Troges. Wegen der langen vom Stock des Finsteraar- und Rothorns unterbrochenen Staulinie und des weit zurückreichenden Hauptfirnes ist der Stauwinkel relativ klein, was den V- und den E-Index zur Übereinstimmung mit der Messung bringt. Im Vergleich zur Fläche des Nährgebietes ist die seit dem frühen Termin auf mehr als das Doppelte angewachsene Schwankungsbreite noch immer gering, so daß eine Diskrepanz mit der Messung vorhanden ist.

3. Lötschengletscher (L. K. 264). Die Staulinie liegt ganz eindeutig beim Trogeingang in 2460 m am Fuß von Eisbrüchen. Den Messungen zufolge ein sehr aktiver Gletscher, dem die Formeln nicht ganz gerecht werden.

4. Oberer Grindelwaldgletscher (L. K. 254, 264). Ein Firn- und Felsrücken vom Ansatz der Zunge in der Isohypse 2680 zum Mittenhorn trennt einen nicht zum Abfluß gelangenden Teil des Firnfeldes ab, desgleichen fällt nun der Firn nördlich des Kleinen Schreckhorns aus. Die Staulinie verläuft in 2600 m, wo die Eisbrüche der Zunge beginnen. Der Gletscher ist der kräftigste der Serie, dessen Aktivität die Rechnungsergebnisse gut entsprechen. Für die Schneegrenzhöhe ergaben sich hier beim geschlossenen steilen Aufbau wenig Anhaltspunkte. Ober- und Untergrindelwaldgebiet haben vorwiegend nordseitige Auslagen, und da gewinnt man den Eindruck, daß bis 2900 m die Firne erhalten bleiben.

Unterer Grindelwaldgletscher (L. K. 254, 264). Der Kallifirn hat bis zu einer Linie, die östlich des Eiger zum Ansatz des Kallibandes führt, keinen Kontakt mit dem Hauptgletscher; desgleichen ein kleines Firnstück beim Beginn des linken Gletscherarmes auf der Platte C. 2030. Die beiden Arme aus dem einheitlichen Firnfeld treffen sich unter einem

Winkel von 60°, stören sich wenig und fließen nebeneinander, getrennt durch eine vom Schmelzwasserbach erodierte Eiskluft. Die Staulinie, unterbrochen durch den Sockel des Zäsenberges, liegt beim linken Arm in 2300 m, beim rechten in 2500 m, Linien, welche alle Karfirne dem Hauptfirnfeld zuteilen. Die Ergebnisse sind günstig, trotz der zwei Zungenarme und der größten Basisentwicklung der ganzen Serie.

6. **Unteraargletscher** (L. K. 254, 264, 265). Wir setzen die Staulinie nach der Vereinigung der letzten kleinen Seitenfirne mit der Zunge in 2500 m für beide Arme an (Finsteraar- und Lauteraargletscher). Die beiden Komponenten stören sich, in spitzem Winkel aufeinanderstoßend, nicht und fließen, durch eine mächtige Mittelmoräne getrennt, nebeneinander bis zum Zungenende. Der unterhalb der Staulinie mündende Thierberggletscher hat nur eine schmale Verbindung mit der Zunge, die bald unterbrochen sein dürfte, wie die seiner Nachbarn; er wird nicht einbezogen. Im Bereich des Gletschers ist in nordseitigen Lagen schon bei 2800 m, in südseitigen erst bei 2900 bis 3000 m Firn anzutreffen. Im Innern erst bei 3050 m anzunehmen. Für den Potentialindex ergibt sich bei dieser Firngrenzhöhe die Schwierigkeit, daß mehr als zwei Drittel des Gesamtareals auf die Ablationsfläche entfallen; die Formel ergibt auch den kleinsten Betrag der Serie, dem die Messung nur wenig adäquat ist. Die stark überschüttete Zunge ist eben wenig zurückgeschmolzen, daher relativ sehr groß, sie hat „ein ganz unalpines Gepräge" (H. Kinzl).

7. **Steingletscher** (L. K. 355). Die Trennung vom Steinlimmigletscher ist bereits deutlicher als während des Frühtermins: vom Sporn des Bockberges zieht ein schmaler Firnrücken im Bogen zum Steilansatz westlich des Gwächtenhorns. Auch nördlich des Sustenhorns fällt ein kleines Firnstück weg. Die Staulinie in der Isohypse 2640 m quert den steilen Zungeneingang. In den Ausläufern, im Fünffingerstock und im Giglistock gibt es eine Reihe von Firnvorkommen nordseitiger Lage in 2850 m. Wir nehmen als Schneegrenzhöhe für die Sustenhorn-Nordseite 2900 m an.

8. **Rhonegletscher** (L. K. 255). Die Felsflucht unter den Gerstenhörnern, im Frühtermin noch vereist, tritt zutage und schließt die darüber liegenden Firne aus unserer Betrachtung aus. In 2610 m, wo keine Seitenfirne mehr münden, quert die Staulinie die Verengung der Zunge geradlinig. Der hohen Spitzenzahl entspricht die Wertung wenig befriedigend, wahrscheinlich infolge einer unrichtigen glaziometrischen Annahme. Wie das Gebiet des Giglistockes zeigt, sind dort nordseitig bei 2800 m, südseitig bei 2900 m Firnlager anzutreffen, desgleichen am Mähren- und Ofenhorn, am Schafläger nordseitig bei 2800 m. Für den Rhonegletscher müssen wir die Firngrenze in 2900 m annehmen.

9. **Hüfigletscher** (L. K. 246). Es entfällt im Westen der Firnfeldteil von C. 2928 zum Ansatz der Isohypse 2400 m. Die Staulinie in 2300 m quert die engste Stelle des Zungeneinganges innerhalb der Eisbrüche. Die Firnverhältnisse im Gebiet des Windgälligrates, im Val Foisal und am Pic Dado zeigen, ist die Firngrenze am Hüfigletscher in 2800 m anzusetzen. Der starken Basisentwicklung entspricht die Formel, wie überhaupt die Ergebnisse günstig ausfallen.

10. **Brunnigletscher** (L. K. 256). Ein kleiner Gletscher mit abgebogener Zunge; eliminiert wird das Firnstück von C. 3160 des Aberalpstocks zum Felsansatz des Schwarzstöckel. Die Staulinie nimmt die engste Stelle der Zunge in 2400 m Höhe ein. Die kurze Zunge ergibt einen hohen E-Index, dem die Messung ebensowenig entspricht, wie der vom sehr großen Stauwinkel beeinflußte V-Index. Die Firngrenze muß nordseitig auf 2800 m herabgesetzt werden, da eine Reihe von Ausläufern des Oberalpstocks in 2900 m hoher Umrahmung Firnfelder trägt.

Beim Variationsindex haben nur Rhone- und Brunnigletscher namhafte Fehler, während Hüfi- und Steingletscher gegenüber dem Frühtermin günstiger abschneiden; die Veränderungen, die auf Zu- oder Abnahme von φ und a zurückgehen. Die neu hinzugekommenen Gletscher (Aletsch, Fiescher, Unteraar, Untergrindelwald) weisen nur kleine Fehler auf.

Auch beim E-Index haben wohl einige Gletscher einen Fehlerzuwachs erfahren, der beim oberen Grindelwald- und beim Lötschengletscher auf die gesteigerte Basisentwicklung zurückzuführen ist; beim Großen Aletsch spielt wieder die Zungenlänge eine Rolle. Die neu aufgenommenen haben auch in dieser Sparte mäßige Differenzen, das Mittel von 21,4% ist aber nicht befriedigend. Beim Potentialindex fällt vor allem der große Fehler beim Fieschergletscher auf, der vielleicht an dem nicht repräsentativen Messungsbetrag liegt. Die Schwankungsbreite bei diesem mächtigen Gletscher beträgt ja nur 562, im Vergleich mit dem Lötschen (1716), dem Aletsch (1399) und den beiden Grindelwaldgletschern (1865 und 1335), weitaus geringer. Die Formelresultate sind relativ niedrig: Der Mittelwert der Einstrahlung (681:667) hat sich infolge der Erniedrigung der Ablationsfläche vergrößert, andererseits sind die Firnflächen etwas kleiner geworden. Das Spartenergebnis ist mit 13,6% viel günstiger.

Die Fehlersumme aller drei Sparten hat sich vergrößert (60:48), wozu besonders die Gletscher mit den langen Zungen beitragen. Die beste Übereinstimmung weisen Stein-, Obergrindelwald- und Hüfigletscher auf.

Serie F. Ötztaler Alpen

Die Nachmessungen liegen zwischen 1922 und 1950, meist unterbrochen durch einige Jahre während des zweiten Weltkrieges; bei einigen, bei welchen die Messungen erst 1930 einsetzten, wurde die Reihe, um sie überhaupt verwendbar zu machen, bis zum Beginn der fünfziger Jahre ausgedehnt. Von den Ötztaler Gletschern stand zeitweise eine große Zahl unter Beobachtung, aber die Jahre für die großen Gletscher Hintereis, Hochjoch, Kesselwand, Guslar und Gurgler reichen nicht hin, um sie in die Liste aufnehmen zu können. Es ist schade, daß für den unter besonderer Betreuung stehenden Hintereisferner vermutlich wegen der starken Überschüttung die jährlichen Mittelwerte der frontalen Veränderungen nicht zu erhalten sind. Mehr Beobachtungen liegen vom Taschachferner vor, aber seine stürmische Basisentwicklung in den 40 Jahren seiner Beobachtung machen ihre Verwertung im Vergleich mit anderen Gletschern der Gruppe nicht möglich. Spiegel-, Mitterkar-, Rofenkar- und Taufkarferner haben schon vor den genannten Beobachtungsterminen den Charakter von Gletschern erster Ordnung eingebüßt, sind nun nur mehr Reste von Hanggletschern ohne Spur einer Zungenbildung, die beiden letztgenannten erlaubten seit 20 Jahren keine exakten Messungsergebnisse mehr. So bleiben für unsere Zwecke nur 10 Gletscher übrig. Als kartographische Grundlage dient die Karte der Ötztaler Alpen des Ö. A. V., Wien 1949 und 1951, für Nr. 1 bis 6 Blatt Gurgl, für die folgenden Blatt Weißkugel—Wildspitze.

1. Der Gaisbergferner hat ein kleines dreiteiliges Firnfeld in hoher Lage, das mit dem Hochfirstferner keine Verbindung mehr hat. Die Isohypse 2800 m als Staulinie fängt an der flacheren Zungenwurzel die Mündungen der steilen Zubringer auf. Auffallend ist das kleine Firnfeld, dem die letzte Stelle in der Reihung des Potentials entspricht.

2. Rotmoosferner. Die Einheitlichkeit des Firnfeldes wird durch den auf hoher Basis ruhenden Flügel des Wasserfallferners keineswegs gestört, selbst auf der Zunge laufen die zwei Komponenten beidseitig einer Mittelmoräne fast bis zur Stirne gemeinsam; der sz. Arm vom Kirchenkogel erreicht nicht mehr die Zunge. Die Staulinie quert eindeutig in 2580 m Höhe den Trogeingang. Gaisberg und Rotmoos haben sehr geringe Mittelhöhen, sie stehen sich auch in ihren Indizes sehr nahe.

3. Langtalerferner. Von den drei Firnlappen des Roteggrates wurde der südlichste im Hinblick auf den späten Aufnahmetermin in die Firnfläche einbezogen. Die Verkleinerung des Einzugsgebietes ist vielleicht die Ursache des bereits seit 1892 kontinuierlichen

Rückzuges. Die Staulinie wurde in der Lage des Böschungsbruches am Eingang der Zunge in 2800 m festgelegt.

4. Diemferner. Das Firnfeld nördlich des vorderen Diemkogels hat die Verbindung mit dem Eisstrom verloren. An der Staulinie in 2900 m geht die mäßige Böschung der Firne in die flachere der Zunge über. Sehr hohe Lage des Nährgebietes.

5. Schalfferner. Der nördliche Schalfferner ist von der Zunge getrennt. Die mehrgliedrige große Firnmulde verengt sich allmählich zur Zunge; der Böschungswechsel in 2780 m Seehöhe bestimmt die Staulinie.

6. Marzellferner. Der kleine Firn westlich Mutmalspitze ist nun selbständig; Trogeingang und Böschungswechsel weisen die Staulinie in die Isohypse 2800.

7. Niederjochferner. Das kleine Firnfeld am Jochköfel ist nur mehr Exklave. Weit zurückgreifende Firnfeldteile mit relativ kurzer Zunge. Staulinie und Zusammenschluß der drei Firnfelder in 2920 m.

8. Sexegertenferner. Eine Linie vom Urkundsattel (3069) zur C. 3371 trennt sein Firnfeld von dem des Taschachferners. Die größeren Felsfenster sind im Areal nicht berücksichtigt. Staulinie durch die Isohypse 2700 m im Trogeingang gegeben.

9. Gepatschferner. Nur der zur Zunge abfließende Teil der ausgedehnten, sehr flachen Firnfelder kommt in Betracht; es fallen daher weg: die abflußlosen Firnteile am Rauhkopf, an der sekundären Zunge und die dahin abfließenden Eismassen der C. 3373, die durch einen von letzteren aus flach bogenförmig zur Seitenmoräne des Rauhkopf verlaufenden Eisrücken vom Hauptfirnfeld getrennt sind. Im Süden folgt die Staatsgrenze gegen Italien zwischen Weißseespitze und Hinterer Hintereisspitze der Eisscheide gegen den Langtauferer Ferner. Die Staulinie liegt in der Isohypse 2860 m hart unter den Eisbrüchen vor dem Trogbeginn.

10. Vernagtferner. Ein kleines Firnstück westlich des Platteikogels ist eliminiert. In großem Halbkreis drängen sich die Eismassen gegen die Zunge, deren Abgrenzung undeutlich ist. Wir legen die Staulinie in die Isohypse 2960, die sich an mehrere Felsfenster und Eisbrüche anlehnt.

Nur 14% (korrig. 11,9%) beträgt die Fehlersumme beim Variationsindex. Denn nur Sexegerten- und Vernagtgletscher weisen eine stärkere Differenz gegenüber der Spitzenzahl auf, was bei letzterem auf die Wirkung eines trotz bedeutendem φ (42°) und niedrigem α bei sehr kleiner Spitzenzahl, bei ersterem auf gerade entgegengesetzte Kontraste zurückgeht. Im übrigen zeigen die verschiedenen Reihungen und Bauformen eine völlige Übereinstimmung mit den Formelergebnissen auf (Gaisberg, Langtaler, Niederjoch, Gepatsch u. a.).

Beim Empfindlichkeitsindex schneiden Gaisberg- und Schalfferner ungünstig ab. Nach der Formel unterscheiden sich die beiden Gletscher nur wenig, aber die Basisentwicklung ist entgegengesetzt verteilt, so daß eine merkliche Differenz eintritt. Das Spartenmittel beträgt immerhin korrig. nur 15,3%. Beim Potentialindex sind die Ergebnisse günstig, besonders wenn man vom Diemferner absieht, der allein fast die Hälfte der Fehlersumme auf sich nimmt, sein Potential ist viel zu hoch gegenüber der Schwankungsbreite, weil bei 2900 m hoher Firngrenze die darunterliegende Fläche viel zu klein ist.

Bei der Gesamtfehlersumme machen sich natürlich die genannten Einzeldifferenzen einiger Gletscher bemerkbar. Aber Langtaler-, Marzell- und Gepatschferner haben auffallend niedrige Differenzen.

Anscheinend sehr ähnliche Gletscher, wie Gaisberg, Rotmoos und Langtaler, die unmittelbar benachbart sind, von gleicher Exposition und Gestalt, haben doch ganz verschiedene Reaktion; wenn man z. B. Gaisberg und Langtaler in den drei Sparten vergleicht. Ed. Richter hat auf diese Verhältnisse der Ötztaler Gletscher bereits aufmerksam gemacht und sie auf deren Morphologie zurückgeführt[21].

Serie G. Ostalpen, Frühtermin

Mit den Nachmessungen aus früheren Terminen steht es für die Ostalpen nicht so günstig wie für die Schweizer Alpen. In den Tauern haben wir überhaupt nur die Pasterze, bei der erst ab 1899 an der rechten Zungenkomponente Messungen einsetzten, und an der linken zu den wenigen bisherigen neue hinzutraten, so daß eine verläßliche Mittelwertbildung möglich wurde. Beim Lenksteinkees der Rieserfernergruppe (ab 1909) wurde der Termin bis 1925 ausgedehnt; die Nachbarkeese Rieser und Tristen haben sehr unterbrochene Messungsreihen, waren schon damals nicht mehr Talgletscher, sondern Hanggletscher mit unklaren Konturen. Es ist schade, daß die übrigen Gletscher der Tauern, der Zillertaler und Stubaier Alpen in jener Periode nur zweijährige Messungen durchführten. Unter solchen Umständen verhalfen nur die alten Messungen an sechs Ötztaler Fernern zu einer Serie. Nicht ausreichend sind die Messungsreihen des Spiegel- und des Mitterkarferners, bei denen allerdings auch die Vorbehalte wie bei den früher genannten Keesen zutreffen. Wir erhalten daher für die Serie G nur 8 Gletscher. Die kartographischen Grundlagen bieten die Blätter der österreichischen Originalaufnahme 1:25.000, zu denen Karten des D. Ö. A. V. mit Korrekturen und Ergänzungen in der alpinen Region kamen.

1. Die Pasterze (Öst. Orig. Aufn., reduz. durch Petters auf 1:50.000, Z. d. D. u. Ö. A. V. 1890). Die alte Karte zeigt noch die Verbindung des Wasserfallkeeses mit der Pasterzenzunge, deren Trennung um die Jahrhundertwende erfolgte. Zur Zeit der frühen Nachmessungen erreichte der Firnarm des Mittleren Burgstall noch den Hauptstrom. Die großen Felsfenster wurden eliminiert, vor allem aber der zwischen Margarize und Elisabethfels eisfrei gewordene „Untere Pasterzenboden"; die Zungenspitze endete in der Möllschlucht in etwa 1950 m Höhe. Die Staulinie berücksichtigt mit der Isohypse 2700 m eine Verengung des Mittleren Burgstallarmes, verläuft am Fuß des Hufeisenfalles im Bogen zum Kleinen Burgstall und benützt dann Verschmälerungen des äußeren Glocknerkar- und Hofmannskeeses.

2. Lenksteinkees (Öst. Spez. Karte 1880; Nachdruck des D. u. Ö. A. V. 1922, 1:50.000). Was nördlich des Lenksteinjoches als „Lenksteinferner" bezeichnet wird, hat keinen Anteil an der Zunge des Hauptgletschers. Der mehrere hundert m breite Geröllstreifen (Moräne) auf dem Gletscher dürfte während des Hochstandes vereist gewesen sein, denn die Öst. Spez. Karte 1:75.000 (2. Ausgabe mit Berichtigungen bis 1913) bringt nur einen ganz schmalen Aperstreifen, aber eine volle Vereinigung der beiden Zungenspitzen. Der Firnlappen gegen C. 3008 bis Riesernock fällt weg. Staulinie in 2660 m.

3. Gaisbergferner (Karte Ötztal-Stubai, bearbeitet vom D. u. Ö. A. V., Bl. 3, 1:50.000, 1897). Staulinie in 2850 m unter Eisbrüchen. Die Entfernung bis Zungenende ist kleiner als beim Spättermin (1833:1960 m), was darauf zurückgeht, daß die spätere Staulinie im Vergleich zur früheren viel weiter zurückverlegt ist. Außerdem bestehen zwischen der alten und der neuen Aufnahme namhafte Entfernungsdifferenzen.

4. Rotmoosferner (Kartenunterlage wie oben). Die Grenze gegen den Seelenferner ist durch die Firnscheide vom Mittleren zum Vorderen Seelenkogel und von diesem zur Felswand, die zum Beginn des Rotmoostroges abfällt, gegeben. Sie ist gemäß den neuen Karten vollständig ausgeapert. Staulinie in 2600 m am Trogeingang.

5. Langtaler Ferner (wie oben). Das mit dem Langtaler Ferner zusammenhängende Firnstück des Seelenferners gegen C. 3048—3239—3380 ist als der Gletscherzunge nicht tributär ausgeschaltet. Staulinie in 2780 m von C. 2788 quer über die Zungenwurzel.

6. Niederjochferner (wie oben, Bl. 4, 1893). Bereits ein Gletscher mit hochgelegener Stirn und kleinem Zungenareal. Staulinie in 2890 m zwischen den Trogecken.

7. Rofenkarferner (wie oben). Kleiner Gletscher mit schmalem Firnfeld und sich allmählich verjüngender Zunge, die Staulinie wurde in die Isohypse 3100 m verlegt.

8. Taufkarferner (wie oben). Kleine, einheitliche Firnmulde mit sehr zusammengeschmolzener Zunge, deren Ende in 2900 m die höchste Gletscherstirn unter allen bearbeiteten Gletschern bildet; die deutliche Trogbildung beginnt bei 3250 m, die als Staulinie verwendet wird.

Beim Variationsindex weisen nur Gaisberg- und Rotmoosferner namhaftere Fehler auf; beide haben nahezu gleich große α-Werte, aber sie kontrastieren in der Größe der Stauwinkel, die den Spitzenzahlen wenig entsprechen. Mit korrig. 12,7% ist das Ergebnis noch recht günstig. Bei dem Empfindlichkeitsindex macht sich besonders die sehr lange Zunge des Langtaler Ferners störend bemerkbar. Beim Gaisbergferner aber die kleine Zunge (mit 1252 m die kürzeste dieser Serie). Der Spartendurchschnitt gleicht dem vorigen Ergebnis. Sehr günstig erweist sich das Resultat beim Potentialindex, da bei der Hälfte der Gletscher Messung und Rechnung übereinstimmen und zwar in allen Wertlagen. Sie schneidet mit korrig. 8,5% am günstigsten unter allen Serien ab. Die Fehlersumme ist gering. Lenkstein-, Langtaler- und Taufkarferner gehen mit 6 Fehlern in das normale Mittel ein, der Rofenkarferner mit nur einem Fehler gehört unter die wenigen 6 solch vollständiger Übereinstimmung innerhalb aller Serien.

Serie H. Stubaier Alpen und Hohe Tauern. Spättermin

Auch im späteren Termin ist die Zahl der brauchbaren Messungen von Gletschern zwischen der Stubaier- und der Hochalmgruppe recht gering. Eine ganze Anzahl von Stubaier Fernern wird nur zweijärig nachgemessen, andere haben lückenhafte Reihen, in den Zillertaler Alpen kommen nur die drei Gletscher der Berliner Hütte in Betracht. Ganz im Osten haben nur die Pasterze, der Goldberggletscher, Groß- und Kleinelendkees jährliche Messungen. Der einzige in der Silvretta geeignete Gletscher, der Fermut, wird einbezogen, da er einem den Tauern morphologisch verwandten Gebirge angehört. Die Messungstermine dieser 12 Gletscher liegen zwischen 1924 und 1950, bei einigen, um eine angemessene Zahl von Beobachtungsjahren zu erreichen, bis 1956 (Goldberg- und Waxeggkees). Die Dauer schwankt allerdings zwischen 14 Jahren (Kleinelendkees) und 22 Jahren (Pasterze).

1. Die Pasterze (Öst. K., Bl. 153/4, Aufnahme 1928—1932, 1:25.000). Das Wasserfallkees ist seit 60, das Hofmannskees seit einigen Jahren aus dem Tributärbereich der Pasterzenzunge ausgeschieden. Die heutige Begrenzung führt vom Pasterzenboden unter dem Wasserfallwinkel nahe C. 2457 zum Großen Burgstall—Eiswandbühel—C. 3350—Eisscheide zum Vorderen Bärenkopf—Schattseitköpfel—Riffeltor—Hohe Riffel—Johannisberg—Eiskögele—Großglockner—Südrahmen des inneren Glocknerkarkeeses—C. 2418 am Pasterzenboden. Größere Felsfluchten sind ausgenommen. Die Staulinie folgt wie die Firnlinie der Isohypse von 2750 m; so weit reicht die Ebenheit des Pasterzenbodens in die Eisbrüche hinein, in der die Firnmoräne sich entwickelt. Der Arm des Kleinen Burgstalls wird in einer Verengung gequert, ebenso das äußere und innere Glocknerkarkees.

2. Großelendkees (K. d. D. u. Ö. A. V. 1:50.000, 1909). Die Abgrenzung folgt im Osten von C. 3013 gegen Preimelspitze—Moränenwall-Zunge, im Westen von der Hannoverscharte—Grat nördlich C. 2111—Moräne. In der undeutlichen Verengungszone wird die Höhe von 2600 m als Staulinie angenommen.

3. Kleinelendkees (K. wie oben). Die Umgrenzung ist eindeutig, im ziemlich gleichmäßig geböschten Firnraum wird die Staulinie in 2600 m angesetzt.

4. Goldbergkees (Öst. K. 1:25.000, 1941). Begrenzung: Im Osten C. 2510—Ausschluß der kleinen Keese nördlich C. 2861—Grenzkamm; im Norden Rojacher Hütte—Ausschluß der ausgeaperten Felswand bis C. 2500—Eisrand. Staulinie in 2600 m ober dem Eisbruch „Graupetes Kees".

5. Schwarzensteinkees (K. des D. u. Ö. A. V. der Zillertaler Alpen, Mittl. Bl. 1:25.000, 1930). Begrenzung: Vom Ansatz der Staulinie in 2600 m Höhe am nördlichen Trogeingang über C. 2659 und 2942 zum Grat C. 3170 südlich des Mörchners; von Staulinie zur C. 2970.

6. Hornkees (wie oben). Begrenzung: Im Osten von der Staulinie in 2440 m zur C. 2825, im Westen über C. 2542 zum Roßrugg. Staulinie am Rande des flachen Stauraumes ober dem steilen, schmalen Zungenansatz.

7. Waxeggkees (wie oben). Begrenzung: Ausgeschaltet sind im Westen ab C. 2577 das Garberkar als nicht mehr aktiv und ohne Abfluß, am Ostrande der Firnhang ab C. 2607. Staulinie in 2500 m Höhe an der Grenze steiler und schwacher Böschung.

8. Daunkogelferner (K. der Stubaier Alpen des D. u. Ö. A. V., Bl. 5, 1:25.000, 1937). Gegen den Schaufelferner abgegrenzt durch eine Firnwölbung zum weit vorspringenden Grat der Stubaier Wildspitze—gegenüberliegend C. 2850 m; an der Nordseite sind die Firne südlich des Hinteren Daunkopfes eingeschlossen. Zwei Zungen mit den Gletscherenden in 2580 und 2610 m, was die Festlegung der Staulinie etwas erschwert, wir nehmen 2760 m an.

9. Grünauferner (wie oben). Die Abgrenzung ist eindeutig; Staulinie in 2750 m Höhe auf dem durch eine Felsinsel hervorgehobenen Abbruch.

10. Fernauferner (wie oben). Abgrenzung eindeutig. Eine sekundäre Zunge mit schmaler, hochgelegener Stirn. Die Staulinie zieht in 2800 m über eine die beiden Zungen trennende Felsinsel.

11. Grüblferner (wie oben). Weitverzweigte Firnfelder mit zwei Zungen, die in 2260 und 2480 m enden (Mittel 2370 m). Staulinie in 2580 m am Gefällswechsel.

12. Fermuntgletscher (Silvrettakarte des D. u. Ö. A. V. auf Grund der Österreichischen Landesaufnahme 1:25.000, 1938). Die Nachmessungen beziehen sich vorwiegend auf den westlichen Teil des Fermuntgletschers, den Ochsentalergletscher, der auch weniger als der östliche zurückgegangen ist; eine relativ hochgelegene Firnmulde, die steil zur Zunge abbricht. In der allmählichen Verschmälerung der Zunge wird die Staulinie in 2560 m angesetzt, wo von beiden Seiten her der Untergrund ausapert; das Zungenende liegt in 2260 m.

Im Variationsindex haben Pasterze und Schwarzensteingletscher Fehler mittlerer Größe; bei ersterer ist infolge der Länge der Staulinie φ nicht so groß, wie man es bei der weiten Ausdehnung der Firnflächen erwartet. Der Schwarzensteingletscher hat ein bedeutendes φ, das aber durch den niedrigen α-Winkel von 20° zu wenig herabgesetzt wird, um der Messung zu entsprechen. Im übrigen sind die Fehler gering, die Reihung bei 4, 11, 12 ist konform, so daß das Mittel 16,7% (korrig. 14,2) beträgt.

Günstiger steht es mit dem E-Index, bei dem die Differenzen für alle Werte sehr gering sind, mit Ausnahme des Schwarzenstein- und des Grünauferners. Ganz allgemein liegen die E-Werte auffallend hoch, von der Pasterze abgesehen, die Meßwerte niedrig, aber die Reihung ergibt nur ein Fehlermittel von 13,3% (korrig. 11,3).

Ebenso günstige Ergebnisse bietet der Potentialindex, in dem große (1:1), mittlere (6:6, 7:8, 8:9) und kleine Werte (9:10, 12:11) gut übereinstimmen; korrig. Mittel 11,3%.

Die Fehlersumme ist mit 43,3 gering, nur Schwarzenstein-, Waxegg- und Daunkogelferner gehen über das Normale hinaus, während Großelend, Grübl und Fermunt fast fehlerfrei sind.

6. Analyse der Gesamtergebnisse

Die folgende Tabelle umfaßt für jede der oben behandelten Serien die in den Zusammenstellungen ermittelten Prozente der Abweichungen. Mit dem Hinweis, daß es sich bei den 8 Serien um eine Reihe von Gebirgsgruppen handelt, die infolge ihrer verschiedenen Struktur nicht präzise verglichen werden können, wird hier doch versucht, die Gesamtergebnisse zu vergleichen.

Tabelle 5

Gletscher	P	E	V	Mittel der 3 Sparten
A. Walliser	20,0	20,0	6,7	15,6
B. Walliser	18,0	17,0	18,0	17,6
C. Bernina	14,3	14,3	20,0	16,2
D. Berner	13,3	22,2	15,5	17,0
E. Berner	16,0	24,0	20,0	20,0
F. Ostalpen	10,0	15,0	15,0	13,3
G. Ötztaler	16,0	18,0	14,0	16,0
H. Ostalpen	13,3	13,3	16,7	14,4
Mittel:	15,1	18,0	15,7	16,3
Ab 15% Fehlerquellen				13,9

Im Spartenmittel schneidet also der E-Index wesentlich ungünstiger als die beiden anderen ab; die Kombinationen, die sich aus der Länge der Gletscherzungen und der Mittellänge der Firnfelder ergeben, bewirken eben eine größere Amplitude in den Resultaten, der die Formel nicht so gerecht werden kann, wie bei den Sparten P und V. Das Gesamtmittel von 16,3% erniedrigt sich unter Berücksichtigung der Fehlerquellen auf 13,9%, was als Durchschnitt einen annehmbaren Vergleichswert darstellt.

Da die Größe der Fehler in einem, wenn auch verschwommenen Verhältnis zur Größe und Bedeutung der betreffenden Sparten steht, kann man einige Beziehungen aus ihnen ablesen; so, daß das Potential von den Schweizer Gletschern zu den ostalpinen sehr abnimmt, unter denen aber die Ötztaler kräftiger hervortreten. Eine ganz gleiche Reihung ergibt sich, wenn man die Schwankungsbreite bei den Serien der Frühtermine in dieser Sparte heranzieht: 1221:1064:738. Von Früh- zum Spättermin werden die Firnfelder infolge des Emporrückens der Firnlinie kleiner, die Zungenflächen unbeschadet des Rückganges der Stirnen etwas größer; dort gleicht der größere Anteil des festen Niederschlages etwas aus, hier die zunehmende Albedo. Die Differenzen halten sich daher innerhalb ähnlicher Grenzen, wozu noch kommt, daß Nähr- und Zehrgebiet nicht den Quotienten ergeben, sondern mit dem Produkt Niederschlag × ganze Fläche ein gewisser rechnerischer Ausgleich erreicht wird. Die Indizes drängen sich mit wenigen Ausnahmen ganz eng in die Liste.

Im Empfindlichkeitsindex haben die Berner Alpen wegen ihrer langen Talgletscher größere Fehler, ihnen gegenüber nehmen sich die Ostalpen bescheiden aus, wieder die Ötztaler ausgenommen.

Beim Variationsindex steigt die Fehlerzahl in den drei verglichenen Gebirgsgruppen vom Früh- zum Spättermin an, in gleicher Weise auch die Spitzenzahl (die gleichen Gletscher berücksichtigt): je Gletscher in den Walliser von 5,4 auf 5,9, in den Berner Alpen von 4,6 auf 5,2, in den Ostalpen von 5,0 auf 6,8.

Die Fehlersummen aller drei Sparten haben sich vom früheren zum späteren Termin nicht unerheblich vergrößert: Walliser 46,7:54, Berner Alpen 51:60, Ostalpen 40:43,6, im groben Mittel 6:7. Man möchte daraus schließen, daß das Verhalten unsicherer geworden ist. Früher waren die Schwankungen der Gletscher gleichmäßiger, langsamer in der Entwicklung, mehr von den meteorischen Einflüssen gelenkt als später, seit bestimmende Elemente des Geländes vom Eise mehr befreit wurden.

Es wird nun versucht, festzustellen, welche der glaziometrischen Elemente in den einzelnen Sparten sich vordringlich auf die Ergebnisse der Rechnungen auswirken und damit auch das Verhalten der Gletscher erklären. Es ist natürlich, daß es da auch bei Gletschern der gleichen Gebirgsgruppe Kompensationen gibt, die das Resultat verschleiern, aber, wenn man nicht bei den Mittelwerten bleibt, sondern die individuellen Unterschiede einer hinreichenden Zahl von Gletschern untersucht, werden sich die entscheidenden Faktoren erkennen lassen.

Der Variationsindex

Es wurde schon in der Einleitung darauf hingewiesen, daß für diesen Index in erster Linie der Stauwinkel maßgebend ist, dem in der mittleren Böschung über der Staulinie a ein mit seiner Größe wachsender Divisor gegenübersteht. Dabei ist der Stauwinkel selbst wieder von der Größe der angestauten Fläche, der Länge der Staulinie und deren mittlerer Entfernung vom Firnrand abhängig. Infolgedessen ergeben sich zahlreiche Konstellationen, deren Auswirkung die Phasen der kleinen Schwankungen beeinflußt.

Eine Anzahl von Beispielen (Tabelle 3, S. 17) mag eine Reihe auffallender Beziehungen zwischen φ und a darlegen; zunächst solche mit sehr kleinem φ. Der Grünauferner hat mit 2° 21' den kleinsten φ-Winkel und sein a von 24° 22' verweist ihn auf die letzte, die 12. Stelle der Gruppe, übereinstimmend mit der Messung; gleich darauf folgt an der 11. Stelle das Großelendkees mit gleich großem a, aber etwas größerem φ (5° 7'), ebenfalls messungsgleich. Besonders auffallend ist das Verhältnis des Tambogletschers, der mit einem außerordentlich hohen Böschungswinkel (30° 32'), aber nur 8° 5' für φ nicht nur an die letzte Stelle im Berninaraum $V = 0{,}243$ kommt, wobei die erste Stelle mit 3,095 in einen bezeichnenden Abstand gerückt ist, sondern an die drittletzte aller bearbeiteten Gletscher. Der Valsoreygletscher hat mit φ 7° 32' den kleinsten Stauwinkel der Mte. Rosa-Gruppe und steht nach der Formel an zweitniedrigster Stelle. Wir können noch einen Stauwinkel bis 20° als kleines φ bezeichnen und dafür eine Reihe von Beispielen bringen: Da kommt der Gaisbergferner mit φ 14° 57' und a 23° 16 übereinstimmend mit der Messung an die 10. Stelle im Index. Der Kehlefirn ist mit φ 18° 18' und a 22° 42' noch an die letzte Stelle der Berner Alpen (früher Termin) gesetzt, aber die Pasterze mit φ 15° 38' wegen ihrer geringen Böschung (12° 35') nur an die 5.; der Rofenkarferner mit φ 20° 13' und einem nur wenig größeren a rückt dadurch übereinstimmend mit der Messung an die letzte Stelle der Ötztaler.

Wählen wir eine Anzahl von mittleren φ-Werten: Da ist der Lötschengletscher (φ 32° 27', a 18° 48'), der in die Stellung 8 übereinstimmend mit der Messung gereiht ist, und der Lavazgletscher, der eine gleich hohe Böschung hat, aber wegen des viel größeren φ an die 2. übereinstimmende Stelle tritt. Der große Aletsch hat kein beträchtliches φ (38° 14'), wird aber durch den sehr kleinen Böschungswinkel (6° 8') an die erste Stelle der Gruppe gerückt, ähnlich auch der Langtalerferner (40° 17', 15° 45').

Vergleichen wir noch einige besonders hohe Stauwinkel mit verschiedenen a-Werten: Der Schallfferner mit seinem Stauwinkel von 49° 16' wird durch den verhältnismäßig niedrigen Böschungswinkel (14° 42') konform mit der Messung in der zweiten Stelle gehalten, das Hornkees (51° 13', 23° 36') in der ersten Stelle der Ostalpengletscher, ähnlich auch der Arollagletscher (49° 41') und der Gepatschferner mit dem größten Stauwinkel aller besprochenen Gruppen (60° 30') bei nur 10° 30' von a übereinstimmend in der ersten Stelle. Der obere Grindelwaldgletscher aber hat ein mit dem Hornkees ganz gleich großes a, aber ein kleineres φ und fällt, konform mit der Messung, an die 7. Stelle zurück.

Diese Liste könnte ja noch erweitert werden, wobei sich eine befriedigende Zahl von Übereinstimmungen zwischen Messung und Rechnung ergeben würde, wenngleich die Reihung auch zufällige Abweichungen mit sich bringen kann, oder ob anderer Einflüsse eine volle Übereinstimmung nicht vorliegt. Es dürfte sich aber aus dem Vorangehenden wohl bestätigen, daß die Größen φ und a in einem fast gesetzmäßigen Kontakt miteinander stehen, in dem der Stauwinkel grundlegend, der Böschungswinkel modifizierend ist. Diese Resultate beziehen sich lediglich auf den angestauten Raum, in dem die als eben gedachte Fläche des Winkels φ durch den Böschungswinkel in ein Bewegungssystem einbezogen wird.

Der Empfindlichkeitsindex

Er ist ein ganz anderer Faktor, der den Gletscher von der Randkluft bis zum Zungenende beherrscht, um die gesamte Fallhöhe A, die den Impuls gibt, dem die schwerbewegliche Zunge den Widerstand bietet, der in ihrer Länge liegt; welcher dieser Faktoren ist aber bestimmend für das Maß der Empfindlichkeit?

Stellen wir zunächst Gletscher mit den kleinsten A-Werten in Vergleich mit verschiedenen cotg β-Werten: Der Große Aletsch kommt mit seinen kleinem A (6° 21') und noch kleineren cotg β (5°) an die letzte Stelle der ganzen Bernergruppe; der der gleichen Gruppe angehörende Unteraargletscher hat ein nur wenig größeres A (7° 41') und reiht trotz des sehr niedrigen cotg β (4° 36') an 8. Stelle, woraus man schon auf ein gewisses Übergewicht von A schließen möchte. Aber Gorner- und Grd. Desertgletscher (früher Termin), haben ganz gleich große A-Winkel, aber die Zungenwinkel von 6° 45', bzw. 10° 3' bringen ersteren an die 10., letzteren an die 6. Stelle. Ganz ähnlich verhält es sich mit Rhone- und Fieschergletscher bei gleich großem A (10° 16', bzw. 10° 41'), aber ersterer bringt mit cotg β von 13° 43' einen kleineren Nenner in die Gleichung und liegt an 6. Stelle, der Fiescher mit 8° 51' erst an 9. Die Stellungsdifferenz 9:4 zwischen Gepatsch und Vernagt bei gleich großem A- und β-Winkel scheint allerdings störend, aber einerseits liegen die Indizes durch eine wohl zufällige Reihung nahe beisammen (0,0622 : 0,0979) und die dreimal größere Zungenlänge des Gepatsch macht sich eben bemerkbar. Eine sehr positive Aufklärung bietet die Pasterze, die für beide Termine fast gleich hohe A- und β-Werte hat und in beiden Fällen die letzte Stelle der Ostalpengletscher einnimmt. Versuchen wir es nun mit größeren A-Werten: Dem Oberen Grindelwaldgletscher, der in beiden Terminen annähernd gleich hohe A-Werte (22° 54' und 20° 58') und cotg β (22° 37' und 20° 58') hat, verschafft diese Übereinstimmung auch die gleiche erste Stellung. Großelend- und Kleinelendkees haben gleiche β-Winkel, bei ersterem ist aber A größer und das Ergebnis daher die 9. bzw. 11. Stelle. Der Kartigelgletscher hat ein kleineres A, ein größeres β (20° 14' und 14° 53') als der Kehlefirn (22° 42' und 13° 30') und daher eine höhere Stellung als letzterer. Ein eindrucksvolles Beispiel bietet der Tambogletscher, der in der frühen Serie den größten A-Winkel des Berninaraumes hat (24° 55') gegenüber 20° 29' des Palügletschers, aber letzterer reiht mit cotg β 18° 21' : 17° 16' doch vor (1:3). Der Zigiorenove zeigt den ausgleichenden Einfluß von cotg β; sein A beträgt im Frühtermin 21° 1', im Spättermin 19° 7', sein β 14° 3' bzw. 13° 18', die Resultate liegen auf der gleichen Stelle, 4 bei 10 Gletschern des Spättermins = Stelle 3 bei 9 Gletschern des Frühtermins. Rofenkar- und Grünauferner haben mit A 21° 3' und β 20 (19°) nahezu gleiche Voraussetzungen; hier reiht die größere Zungenlänge den Grünauferner an die 4., den Rofenkarferner an die 1. Stelle der Serie. Ähnlich liegen die Verhältnisse beim Horn- und Waxeggkees, benachbarte konform gebaute Gletscher, die bei gleicher Zungenlänge Differenzen in A (18° 46' bzw. 21° 44') und β (14° 30' bzw. 19° 34') aufweisen, welche die Reihungen weiter auseinanderhalten (7:3).

Aus diesen Beispielen geht hervor, daß der Winkel cotg β, auch ersetzt durch die Zungenlänge, eine größere Wirkung auf den Empfindlichkeitsindex ausübt als der Gesamtböschungswinkel A; je größer cotg β, um so schwächer ist die Empfindlichkeit, um so mehr wirkt die Zunge bremsend auf die Druckwellen.

Der Potentialindex

Dabei handelt es sich, worauf schon in einem einleitenden Kapitel hingewiesen wurde, nicht um eine Art Ernährungsbilanz an der Firnlinie, unsere Formel will das Übergewicht des auf das ganze Gletscherareal bezogenen Schneefalles der mittleren Firnregion als dynamischen Faktor ermitteln, dem die auf das Zehrgebiet bezogene Strahlungssumme

(—Albedo) einschränkend gegenübersteht. Um einheitlich vorzugehen, wurde die Jahresniederschlagsmenge, bezogen auf den von der Seehöhe abhängigen festen Anteil in der mittleren Region zwischen Firnlinie und Firnrand, festgelegt. Nach dem gleichen Grundsatz wurde auch die Strahlungsmenge auf die Mittelhöhe der Zunge bezogen, gemäß den in der Einleitung besprochenen Tabellen für mittlere Höhe, Exposition und Böschungswinkel und korrig. durch die von der Höhenlage abhängige Albedo ermittelt.

Gehen wir zunächst auf die Rolle der Exposition (Hauptauslage) des Gletschers ein, für die wir leider bei der geringen Zahl der zur Verfügung stehenden südexponierten Gletscher nur wenige Beispiele bieten können. Vergleicht man Rhône- (S.) und Steingletscher (N.) mit den Firngrenzen 2900 bzw. 2950 m, den Mittelhöhen der Zungen von 2350, bzw. 2450 m, und fast gleich hoher Böschung (13° 43′, 13° 59′), so nimmt die Strahlungsmenge S —Albedo von 710 auf 578 g/cal ab, das ist um 18,6%. Beim Fiescher- (S.) und Morteratschgletscher (N.) mit den Firngrenzen 3100, bzw. 2940 m liegen viel niedrigere Böschungswinkel vor (8° 51′, bzw. 7° 30′), so daß sich bei einer Mittelhöhe von 2350 bzw. 2420 m Strahlungsmengen von 648 bzw. 630 g/cal ergeben, also mit der geringfügigen Abnahme von 2,3%. Auch bei den benachbarten großen Gletschern Aletsch (SE.) und Obergrindelwald (NW.) mit wenig unterschiedlichen Firngrenzhöhen und Mittelhöhen von 2300 m bzw. 2100 m, aber einem Böschungsunterschied von 5° 20′ zu 23° 43′ ergibt sich mit den Strahlungsmengen 726 und 700 g/cal nur eine Abnahme von 3,6%. Liegt aber die Gletscherzunge in sehr großer Höhe, so ist die Albedowirkung so stark, daß für einen wesentlich niedriger gelegenen Vergleichsgletscher sogar eine Strahlungszunahme bei Nordlage stattfindet. So im Vergleich von Rofenkarferner (SE. mit 2900 m Firngrenze) und Gaisbergferner (NW. mit 2800 m Firngrenze); ersterer erreicht bei 20° 15′ Böschung und 2870 m Mittelhöhe der Zunge nur 255 g/cal, letzterer bei 14° 14′ Böschung und 2580 m Mittelhöhe 496 g/cal, was einer Zunahme gegen Nord um 94% entspricht. Noch größer ist der Unterschied vom allerdings hauptsächlich gegen SO. exponierten Vernagt- zum benachbarten gegen Nord exponierten Gepatschgletscher. Die beiden haben fast gleich großen Böschungswinkel (wenig über 11°), in den mittleren Zungenlagen aber einen Höhenunterschied von 400 m; ersterem kommt eine Einstrahlung von nur 311, letzterem aber eine solche von 628 g/cal zu, was eine Zunahme von 102% für Nordexposition ergibt.

Um den Einfluß der Expositionsverschiedenheit N.—S. auf den Einstrahlungsfaktor zu kennzeichnen, sei in der folgenden Tabelle für mehrere Mittelhöhen und Böschungswinkel die Strahlungssumme (Mitte Juni) abzüglich Albedo für Nord- und Südauslage angegeben:

Mittelhöhe	2400 m	2500 m	2600 m
Böschung 5° Süd	680	607	535
Nord	652	583	513
Abnahme %	4,1	4,0	4,1
Böschung 10° Süd	690	616	542
Nord	635	567	499
Abnahme %	8,0	8,0	7,9

Bei einer Böschung von 20° erhöht sich die Abnahme auf 17%, bei 30° auf 24%.

Auch der Einfluß der Niederschlagsmenge und der sommerlichen Strahlungssumme tritt zurück gegenüber den Quotienten aus dem Gesamtareal und dem Zungenareal des Gletschers, der im Potentialindex der primäre Faktor ist. Das läßt sich leicht aus einer Gegenüberstellung dieser Quotienten von durch andere Faktoren nur wenig differenzierten Gletschern mit deren Reihung innerhalb derselben Serie nachweisen. Die Tabelle 6 bringt je zwei solcher Gletscher zum Vergleich, im ganzen 22 Paare, von denen nur zwei (Großelend- und Kleinelendkees, Daunkogel- und Fernauferner) durch eine geringfügige Unstimmigkeit von dem regelmäßigen Verhältnis abweichen, daß dem größeren Quotienten

Tabelle 6

Gletscher	Fi/fi	P-Reihung	Gletscher	Fi/fi	P-Reihung
Serie A			*Serie F*		
Ferpècle	3,0	2	Rotmoos	2,1	9
Zinal	2,5	3	Gaisberg	1,7	10
Zigiorenove	2,5	1	Marzell	4,1	1
Grd. Desert	1,4	6	Gepatsch	2,9	7
Turtmann	1,4	8	*Serie G*		
Grd. Desert	1,4	6	Gaisberg	3,4	6
Zigiorenove	2,5	1	Langtaler	3,4	4
Valsorey	1,6	9	Niederjoch	4,8	3
Zinal	2,5	3	Langtaler	3,4	4
Gorner	2,2	4	*Serie H*		
Serie B			Kleine Elend	3,1	8
Valsorey	1,6	4	Große Elend	2,8	7
Grd. Desert	1,3	6	Fernau	3,5	3
Allalin	3,8	2	Daunkogel	3,1	2
Turtmann	3,0	3	Fermunt	3,9	1
Gorner	2,0	5	Grübl	2,8	9
Zinal	1,8	7	Horn	2,3	4
Saleina	1,5	8	Goldberg	2,1	12
Ferpècle	1,4	10	Waxegg	3,4	5
Serie C			Goldberg	2,8	12
Ob. Grindelwald	2,8	1	Summe	61,4	88
Stein	2,6	4		48,8	140
Rhône	3,2	2			
Hüfi	2,1	5	je Gletscher	2,8	4,4
Serie D				2,2	6,4
Unt. Grindelwald	1,7	4			
Unteraar	1,4	10			
Rhône	2,6	3			
Fiescher	2,2	5			

eine niedrigere Reihungszahl, also größeres Gewicht, zukommt. Bei 2 Paaren sind die Quotienten gleich groß (Turtmann- und Grd. Desertgletscher, Gaisberg- und Langtalerferner), wo der Niederschlagsmenge die Entscheidung in der Reihung zufällt. Im übrigen gibt die Zusammenfassung aller Gletscher ein ganz klares Bild über diese Beziehungen: Die Summe der jeweils größeren Quotienten ergibt 61,8, die der kleineren 49,1; bei ersteren macht die Summe der Reihungen 82, bei letzteren 148 aus, was den Zahlen 3,7:6,7 je Vergleichspaar entspricht. Besonders instruktiv ist, daß dort, wo der Unterschied der Vergleichsquotienten relativ groß ist (2,5:1,4, 2,6:1,6, 3,9:2,8, 4,1:2,9 u. a.), dem größeren die Reihung 1 zufällt, bei geringsten Unterschieden (1,5:1,4, 2,3:2,1, 1,7:2,4, 2,1:1,7) den schwächeren Partnern die letzten Reihungszahlen entsprechen.

Auffallend höhere Reihung im Potentialindex weisen innerhalb ihrer Serie auf: In der Wallisergruppe der Zigiorenove (16,06), in der Bernergruppe der Obergrindelwald (9,17), in den Ötztalern der Rofenkar (51,36), Taufkar (40,4) und Vernagt (39,36), in der Bernina der Picquogl (32,6), in den Ostalpen, weit zurückfallend, der Fermunt (12,2). Aus den sehr unterschiedlichen Höchstwerten der behandelten Gebirgsgruppen läßt sich schon der Einfluß des Gebirgsbaues erkennen, der mit relativ großen, hochgelegenen Verebnungen ein dräuendes Depot für das Potential bereithält oder mit mächtigen Zungen ein solches blockiert.

Die Verschiedenheit der Gletscher hinsichtlich ihrer, dieser Arbeit zugrundeliegenden dynamischen Merkmale läßt auch den Versuch verständlich erscheinen, eine Typisierung vorzunehmen. In der Tabelle 7 sind die Gletscher der vier späteren Serien aufgenommen, mit einer Wertung in den drei Sparten P, E und V, die der Reihung der Messungsergebnisse entspricht, so zwar, daß bei 9 Gletschern einer Serie die Reihungen 1—3, 4—6,

Tabelle 7

Gletscher	Messungsstufen P E V			Gletscher	Messungsstufen P E V		
Serie B				*Serie F*			
Allalin	1	2	3 6	Diem	3	2	1 6
Arolla	3	2	1 6	Gaisberg	3	3	3 9
Ferpècle	3	3	2 8	Gepatsch	2	2	1 5
Gorner	2	3	2 7	Langtaler	3	3	2 8
Grd. Desert	1	2	3 6	Marzell	1	1	2 4
Saleina	1	1	2 4	Niederjoch	2	2	2 6
Zigiorenove	1	1	2 4	Rotmoos	2	2	2 6
Zinal	3	1	1 5	Schalf	1	2	1 4
Turtmann	2	2	1 5	Sexegerten	2	1	1 4
Valsorey	2	3	3 8	Vernagt	1	1	3 5
Serie D				*Serie H*			
Aletsch	1	2	1 4	Daunkogel	2	1	3 6
Brunni	3	2	1 6	Fernau	2	1	3 6
Fiescher	3	3	3 9	Fermunt	1	1	1 3
Hüfi	2	1	2 5	Goldberg	3	2	2 7
Lötschen	1	2	2 5	Große Elend	2	3	3 8
Oberer Grindelwald	1	1	2 4	Kleine Elend	3	3	2 8
Rhône	2	2	1 5	Grübl	2	3	2 7
Stein	3	3	3 9	Grünau	2	2	3 7
Unteraar	2	3	3 8	Horn	1	2	1 4
Unterer Grindelwald	2	1	2 5	Pasterze	3	3	1 7
				Schwarzenstein	3	2	3 8
				Waxegg	1	2	3 6

7—9 die Klassen 1, 2, 3 bilden, bei zehn Gletschern die Reihungen 1—3, 4—7, 8—10 und analog bei anderer Gletscherzahl. Man erhält damit ein vereinfachtes Bild über die Stellung in den drei Sparten, damit auch im Gesamtverhalten; denn die Messungsergebnisse sind ja Exponenten von Stärke, Extremen und Periodizität der Schwankungen. Wertung und Vergleich wurden auch für die in die Tabelle nicht aufgenommenen Gletscher der Serien A, C, E und G durchgeführt, im ganzen also für 74 Gletscher.

Demgemäß ist die Zahl von 11 Gletschern, die dem ersten Typus angehören, die also die ersten Werte in Potential, Empfindlichkeit und Variation vereinen, nicht gering. Ich möchte diese Gletscher — es sind Zigiorenove, der schon bisher als besonders aktiv galt, Palü, Roseg, Aletsch, Oberer Grindelwald, Marzell, Schalf, Sexegerten, Horn, Fermunt und aus der Serie A noch Grd. Desert — die v i t a l e n nennen. Gerade bei diesen ist die Übereinstimmung mit den Formelergebnissen sehr gut.

Wenn man zum letzten, dem dritten Typus, nur jene Gletscher rechnet, die in den Sparten die niedrigste Klasse aufweisen (3,3,3), so erhält man nur vier Gletscher (Fiescher, Stein, Gaisberg, Porchabella), aber man kann dazu wegen ihres schwachen Potentials auch die Gletscher Ferpècle, Langtaler, Lenkstein und Kleinelend rechnen, so daß wir 8 festlegen als l a b i l e. Die Einstufung des großen Fieschergletschers ist etwas auffallend, vermutlich ist die in eine Spitze auslaufende Zunge daran schuld, die nur einen Teil der von ihr übertragenen Bewegungen registriert. Gaisberg und Langtaler leiden an der für ihre Firnfelder großen Zunge; der Lenkstein ist ein Teil eines in Auflösung begriffenen Gletschers.

Dem zweiten Typus gehören damit weitaus die meisten Gletscher, nämlich 55, an, die mehr oder weniger sich um die Mittelwertung 2,2,2 gruppieren und eine richtige Mittelstellung einnehmen, daher s t a b i l e genannt seien.

Mit dieser Typisierung ist natürlich keine Prognose auf früheren oder späteren Zerfall gemeint, sondern lediglich eine vergleichende Feststellung über gegenwärtig schwächere oder kräftigere Lebensäußerungen.

Die aus den Messungsergebnissen abgeleiteten Erscheinungsformen, nämlich Variation, Empfindlichkeit und Potential, bilden einen Konnex, in dem sie sich gegenseitig beeinflussen, insofern, als ein hoher Betrag des einen Teiles den anderen erniedrigt. Das Hauptgewicht liegt bei der Variation, deren Größe den Spielraum der beiden anderen Erscheinungsformen bestimmt. Liegen die Spitzen durchschnittlich weit auseinander, also in geringerer Zahl innerhalb des gleichen Zeitraumes, so hat die Basisentwicklung der Diagrammkurve eine größere Entfaltungsmöglichkeit, womit meist auch die Schwankungsbreite eine Vergrößerung erfährt. Bei raschem Phasenwechsel, also gesteigerter Spitzenzahl, treten entgegengesetzte Wirkungen ein, Entwicklungskurve und (minder deutlich) Schwankungsbreite werden kleiner. Man wird in dieser Hinsicht die Ergebnisse bei Gegenüberstellung der gleichen Gletscher zu verschiedenen Terminen nicht ablehnen können, wie die folgende Tabelle zeigt, in der für die Walliser-, Berner und Ostalpengletscher ein solcher Versuch unternommen wurde.

	V	E	P
Walliser Frühtermin	2,14	46,3	1221
Walliser Spättermin	3,20	39,4	1109
Berner Frühtermin	3,16	59,7	1083
Berner Spättermin	3,04	73,6	1210
Ostalpen Frühtermin	3,49	22,4	613
Ostalpen Spättermin	3,20	22,5	1052

Aus den Messungsergebnissen der drei Gebirgsräume ist zu ersehen, daß bei Zunahme der Spitzenzahl (V) der Empfindlichkeitsindex E und der Potentialindex P abnehmen und umgekehrt. Daß sich die Spartenwerte im Früh- und Spättermin bei den Wallisern entgegengesetzt verhalten wie bei den anderen Gebirgsgruppen, ist vermutlich darauf zurückzuführen, daß dort schon im Frühtermin um die Jahrhundertwende der Vorstoß erfolgte, während er bei den Berner- und Ostalpen erst im Spättermin, im 2. und 3. Jahrzehnt, eintrat.

Ein Blick in die Ergebnisse der Diagrammtabelle läßt eine große Zahl von Beispielen finden, die unsere Annahme bestätigen: Da sind mit großem Variationsindex und dabei kleinen Werten von Potential und Empfindlichkeit vertreten: Die Pasterze, Rotmoos-, Langtal-, Gepatschferner, die Marmolata, Brunni-, Gorner-, Ferpècle-, Turtmann- und Arollagletscher, um nur solche aus dem späteren Termin herauszuheben. Andererseits fallen mit niedrigen Variationswerten und dabei großen Potential- und Empfindlichkeitswerten auf: Daunkogel-, Diem-, Venagtferner, Hornkees, Oberer und Unterer Grindelwald-, Hüfi-, Lötschen-, Allalingletscher u. a.

Man findet diese Beziehungen klarer in einem zeitlichen Zusammenhang ausgeprägt; wenn man nämlich aus den Diagrammen bei jedem Gletscher für den Zeitraum seines Vorstoßes die darauf entfallende Spitzenzahl und Basisentwicklung, beide auf 10 Jahre reduziert, feststellt, ebenso für einen dem Vorstoß vorangehenden Zeitraum (Vorphase) und für einen dem Vorstoß folgenden (Folgejahre), so erhält man einen Einblick in die Veränderungen der Indizes während des Ablaufes der Schwankungen um eine Vorstoßperiode.

Der Vorstoß ist die Heraushebung eines Schwankungsabschnittes aus den benachbarten, darunter sind auch solche, die unter der Basis liegen, als Vorstoß aufzufassen, wenn sie sich letzterer entsprechend und breit nähern. Da manchmal eine allmähliche Heraushebung vorliegt, muß eine möglichst markante Stelle zur Abgrenzung verwendet werden. Einzelne Gletscher haben einen Vorstoß von längerer Dauer als er in unserer Liste zu Beginn des Jahrhunderts erfaßt ist. Leider fehlen in den Messungslisten wiederholt gerade die für den Vorstoß charakteristischen Jahre, wie bei der Pasterze, beim Lötschen- und Fieschergletscher (bei welch letzterem aber eine Interpolation nach Aletsch, Rhône, Obergrindelwald und Stein möglich ist). Die Stubaier Gletscher haben für die Zeit des sekundären Vorstoßes des zweiten Jahrzehnts überhaupt keine Messungen und fallen gänzlich aus; bei den Ötztalern fehlt wieder einer Anzahl von Gletschern ein deutlicher Vorstoß. Bei den Berner

Tabelle 8

Gletscher	Vorphase Zeitraum	Schwankungsbreite posit.	Spitzenzahl	Basisentwicklung	Vorstoß Zeitraum	Schwankungsbreite posit.	Spitzenzahl	Basisentwicklung	Folgejahre Zeitraum	Schwankungsbreite posit.	Spitzenzahl	Basisentwicklung
Allalin	1901—1913	557	2,5	43,3	1917—1925	1980 / 1925	2,5	32,5	1925—1936	1082	3,2	16,4
Turtmann	1900—1904 / 1906—1913	994	2,7	51	1913—1922	924 / 163	3,3	72,2	1922—1932	607 / 45	4,0	28
Ferpècle	1908—1914	2242	3,3	47	1914—1917	1007 / 70	3,3	120	1917—1927	815 / 106	4,0	8
Saleina	1904—1915	1141	3,6	20	1915—1920 / 1922—1927	1478 / 1316	2,5	96	1927—1936	701	3,9	26,5
Zigiorenove	1905—1914	1544	2,2	49	1914—1917 / 1919—1924	1294 / 1048	3,1	97,5	1924—1931	1384	4,3	67
Grd. Desert	1899—1911	1424	3,3	47	1911—1918	994 / 84	2,9	93	1918—1929	1295	2,7	43
Trient	1903—1910	2056	3,6	30	1913—1920 / 1922—1923	1609 / 1440	1,9	28	1923—1931	612	2,3	10
Roßboden	1900—1911	536	3,6	7	1911—1927	2131 / 1881	2,5	114	1927—1936	1934 / 111	3,9	183
Paneyrosse	1900—1913	619 / 17	2,7	21	1915—1926	994 / 175	2,7	92	1929—1935	843 / 315	4,1	153
Blümlisalp	1902—1914	449 / 62	2,9	28	1914—1920 / 1922—1927	376 / 359	3,6	31	1927—1935	769	3,8	3,7
Wallenbühl	1905—1915	827	3,5	28	1917—1930	1634 / 1562	3,1	186	1930—1935	1096 / 280	4,0	151
Fiescher	1902—1915	304	3,8	3	1915—1927	424 / 309	2,5	20	1927—1936	643 / 15	2,8	47
Rhône	1897—1903 / 1906—1912	1450	2,5	9	1912—1922	1038 / 941	3,0	115	1922—1936	1083 / 42	3,2	37
Stein	1897—1905 / 1909—1911	434 / 66	4,1	34	1911—1922	658 / 596	2,7	23	1922—1934	562	2,9	16,6
Lötschen	1896—1914 / 1916—1917	772 / 9	3,3	37	1917—1925	3930 / 3904	1,2	151	1925—1935	673 / 383	2,5	80
Härtigel	1909—1917	384 / 26	2,8	22,5	1917—1923	1125 / 733	3,3	173	1923—1931	969	3,1	14
Kehlefirn	1906—1914	886 / 138	3,1	60	1914—1923	1938 / 1773	3,3	44	1923—1932	1022 / 204	4,4	104
Lavaz	1906—1913	1674	2,9	29	1913—1917	1042 / 775	2,5	102	1917—1921	1300	5,0	32,5
Sardona	1905—1911	135 / 90	3,3	3,3	1911—1923	588 / 221	2,9	68	1928—1935	1090 / 17	3,6	51
Roseg	1905—1913	1400	3,8	167	1916—1923	2006 / 1481	1,4	87	1923—1930	2517	2,9	23

Alpen fallen Unteraar, Aletsch, Brunnigletscher aus demselben Grunde weg, in der Bernina der Palügletscher, in der Wallisergruppe der Gorner-, Fee- und Valsoreygletscher. Andererseits können einige Gletscher, die wegen ihres abnormalen Baues, ihrer Kleinheit oder Teilung in die allgemeine Betrachtung nicht einbezogen wurden, hier berücksichtigt werden, wie die Gletscher Trient, Roßboden, Martinez, Paneyrosse, Blümlisalp, Wallenbühl, Sardona, Spiegel und Rieser.

Die Tabelle 8 umfaßt 39 Gletscher, von denen 4 auf die Reihe a mit Vorphase und Vorstoß, 26 auf die Reihe b mit Vorphase, Vorstoß und Folgejahren und 9 auf die Reihe c mit Vorstoß und Folgejahren entfallen.

Die Auswertung nach Mitteln für Spitzenzahl und Basisentwicklung ergibt dann folgendes Bild:

	Vorphase	Vorstoß	Folgejahre
Zeitraum in Jahren	9,3	10,6	9,8
Spitzenzahl	3,43	2,75	3,40
Basisentwicklung	32,5	72,1	44,5

Tabelle 8 (Fortsetzung)

Gletscher	Vorphase				Vorstoß				Folgejahre			
	Zeitraum	Schwankungsbreite posit.	Spitzenzahl	Basisentwicklung	Zeitraum	Schwankungsbreite posit.	Spitzenzahl	Basisentwicklung	Zeitraum	Schwankungsbreite posit.	Spitzenzahl	Basisentwicklung
Porchabella	1900—1909	700	3,3	4,4	1909—1914	806 650	2,0	77	1918—1925	460 71	2,9	7
Diem	1910—1916	1030	3,8	25	1916—1929	487 262	3,1	49	1929—1942	608	3,1	9
Gaisberg	1909—1914	532 14	5,0	58	1914—1922	304 288	3,7	20	1922—1929	426 41	4,3	16
Lenkstein	1908—1915	542	3,6	11	1915—1922	213 46	1,4	7	1922—1931	559	3,3	4,4
Rieser	1908—1911	1030	5,0	29	1911—1928	409 306	2,0	10	1923—1937	1423 7	3,0	111
Rofenkar	1909—1913	1750	2,5	37	1913—1922	1851 1594	3,3	83	1922—1932	1636	3,0	16
Zinal	1910—1919	1972	3,3	51	1919—1928	581 282	3,3	104				
Hüfi	1902—1913	627	2,7	10	1913—1928	1091 411	2,7	123				
Forno	1908—1914	1312	5,0	35	1917—1922	1160	4,0	46				
Martinez	1900—1911	111	4,0	2	1911—1918	687 617	2,1	21				
Arolla					1909—1926	1101	2,4	13	1928—1935	647	2,9	13
Zanfleuron					1905—1916	912 203	3,1	87	1916—1929	1627 4	3,1	96
Ob. Grindelwald					1912—1914 1917—1924	2342 2334	3,3	94	1924—1933	1553	3,3	62
Unt. Grindelwald					1905—1914 1916—1927	2280 1301	2,5	195	1927—1935	555 192	2,2	27
Morteratsch					1897—1913	1036	2,5	52	1916—1932	968	3,1	11
Mitterkar					1909—1928	518 465	3,7	29,5	1928—1943	665 5	3,3	9
Taufkar					1909—1928	714 173	2,5	74	1928—1938	966 8	3,1	73
Spiegel					1911—1924	286 231	3,1	19	1924—1938	648 16	2,9	5
Rotmoos					1913—1922	374 310	3,3	12	1922—1930	545	3,8	5
(Pasterze	1900—1915 1917—1919	428 3	4,4	14					1925—1944	410 3	3,9	13)
Je Gletscher	(30)	981 14	3,6	32,2	(39)	1136 788	2,7	72,5	(35)	935 53	3,4	44,6

Im Hinblick darauf, daß 39 Objekte verwertet wurden, und die drei Zeitabschnitte fast gleich groß sind, ergeben sich wohl reale Mittelwerte. **Während des Vorstoßes ist also die Spitzenzahl,** (die ja überhaupt nur zwischen 1 und 5 liegt), **wesentlich niedriger** als in der Vorphase und in den Folgejahren, in denen er mit fast gleichen Anteilen auftritt. Im Gegensatz dazu ist **die Basisentwicklung während des Vorstoßes viel höher,** namentlich gegenüber dem Vorfeld, von dem aus zum Vorstoß eine auffallende Belebung der Aktivität einsetzt. Nach dem Vorstoß klingt sie weniger kontrastreich ab. Diese Verhältnisse zeigt die Abbildung 4, Taf. III, in schematischer Darstellung auf.

Spitzenzahl und Basisentwicklung haben in den drei Abschnitten entgegengesetzte Werte, die letztere steigt rasch und mit größerer Sprunghöhe aus der Vorphase empor, als dies beim Übergang zu den Folgejahren der Fall ist. Das durchschnittlich ziemlich unvermittelte Auftreten des Vorstoßes hat eine rasche Summierung der Firnwellen zur Voraussetzung. Sie kommt m. E. dadurch zustande, daß der Firnauftrag mehrere Jahre von zunehmender Geschwindigkeit getragen und von etwas größerer Fallhöhe beschleunigt zu einem gleichzeitigen Impuls wird, der die Gletscherfront zum Vorrücken zwingt.

Welche Sonderstellung dem Vorstoß zukommt, beleuchtet die Feststellung, daß innerhalb der Gruppe b (der vollständigen Gruppe) der jeweils niedrigste Spitzenwert sich mit 66,8% auf den Vorstoß, mit 29% auf die Vorphase und mit nur 4,2% auf die Folgejahre verteilt. Für den höchsten Entwicklungswert lauten die betreffenden Zahlen 62,5, 20,8, 16,7%.

Sehen wir uns nun die Stellung des Potentialwertes an, wofür wir auch nur die 26 Gletscher herangezogen haben, die in allen drei Reihen mit Messungen vertreten sind und daher auch in der schematischen Darstellung mitverwertet werden konnten. Es ergeben sich die Schwankungsbreite und (in Klammer) deren positive, über der Basis liegenden Mittelwerte wie folgt:

	Vorphase	Vorstoß	Folgejahre
Reihe a 4 Gletscher	1050	380 (327)	—
Reihe b 25 Gletscher	936 (17)	1201 (915)	976 (63)
Reihe c 8 Gletscher	—	1133 (650)	904 (28)
Mittel	914 (14)	1153 (797)	959 (55)

Auf den Vorstoß entfallen hiemit zwar nur 38% der gesamten Schwankungsbreite, aber 92% der positiven. Das Plus der Schwankungsbreite scheint gering zu sein, das der positiven Abmessungen spricht aber für einen deutlichen Vorstoß, so verschieden er der Intensität nach bei den einzelnen Gletschern gewesen sein mag. Im Durchschnitt ist die Schwankungsbreite in den Folgejahren nicht geringer als in der Vorphase. In solchen Fällen scheinen die Gletscher durch den Vorstoß nichts an Lebenskraft zu verlieren. Es verhält sich aber wohl so, daß ein starker Vorstoß dem Gletscher für die Folgejahre nur ein geringes Potential zurückläßt (man vergleiche in der Tabelle die Gletscher Trient, Allalin, Saleina, Lötschen u. a.). Andernfalls bei Gletschern mit schwachem Vorstoß verschiebt sich das Maximum des Potentials unter Umständen auf die Folgejahre (vgl. die Gletscher Fiescher, Sardona, Zanfleuron, Taufkar, Rieser u. a.); besonders charakteristisch ist das beim Roseggletscher, dessen Schwankungsbreite von der Vorphase zu den Folgejahren um mehr als 1000 Einheiten ansteigt. Man möchte daher annehmen, daß dieser Gletscher seinen Vorstoß im Bereich der Folgejahre hat, aber das alleinige und hohe Vorkommen von positiven Messungswerten im mittleren Abschnitt weist doch diesen den Vorstoß zu.

Als charakteristische Vorstoßformen sind zu erkennen:

1. Ein schwacher Vorstoß mit gleichmäßiger Basisentwicklung in der Vorphase, kleiner Schwankungsbreite und mäßig bewegten Folgejahren; in der Vorphase treten nicht selten Reihen mit Schwankungen ganz kleiner Amplitude auf, die auf ein zeitweise extensiv gestörtes Abfließen hinweisen (Fiescher-, Porchabella-, Diem-, Langtaler-, Rotmoosgletscher, Pasterze).

2. Ein starker Vorstoß mit mäßig bewegter Vorphase und kompakter positiver Schwankungsbreite (Rhone-, Zigiorenove-, Saleina-, Trientgletscher u. a.).

3. Mehrfache hohe Vorstöße bei großer Schwankungsbreite in der Vorphase (Oberer und Unterer Grindelwald-, Lötschen-, Allalin-, Roseggletscher u. a.).

4. Isolierte positive Spitzen in der Vorphase und Vorstoß, konstante Erscheinungen, die auf ein besonderes Bauelement zurückgehen dürften (Turtmann-, Hüfi-, Wallenbühlgletscher u. a.).

Bei einer Reihe von Gletschern ist ein Vorstoß nicht klar festzustellen, bestenfalls gehobene Spitzen, die die Basis nicht erreichen (Unteraar), manchmal von ganz gleicher Form (Aletsch-, Grd. Desertgletscher). Eine Anzahl von Gletschern, die vom normalen Verhältnis der Abschnitte stark abweichen, bedarf noch einer Aufmerksamkeit. Die Gletscher Roßboden, Paneyrosse, Wallenbühl und Kehlefirn haben nach dem Vorstoß einen besonders hohen Empfindlichkeitsindex, der größer als während des Vorstoßes ist, was vermutlich auf die seit dem Vorstoß eingetretene rasche Verkürzung der Zunge zurückgeht — aber auch mit den noch ansehnlichen positiven Spitzen zusammenhängt, so daß diese Gletscher noch unter Nachwirkungen des Vorstoßes zu stehen scheinen.

In der Vorphase liegen die Empfindlichkeitswerte fast durchaus niedriger und innerhalb geringer Grenzen; eine Ausnahme macht der Roseggletscher, dessen Basisentwicklung von Abschnitt zu Abschnitt abnimmt. Seine Kurve liegt um die Jahrhundertwende besonders tief, er hält nur im Vorstoß bei niedrigsten Spitzenzahlen positive Werte, um in den Folgejahren noch tiefer abzusinken, ein Gletscher, dessen Schwankungsbreite, wie schon erwähnt, konstant in großen Dimensionen zunimmt, während die Empfindlichkeit ebenso zurückgeht. Kleine Gletscher haben im Vorstoß relativ große Empfindlichkeitswerte (Kartigel-, Lavaz-, Sardona-, Roßboden-, Martinezgletscher u. a.) bei durchaus sehr kleiner Spitzenzahl, was extrem hohe Vorstöße ergibt. Ein typisches Beispiel des Schwankungsablaufes würde die Pasterze bieten, wenn der Vorstoß registriert wäre: In der Vorphase und in den Folgejahren große Spitzenzahlen und niedrige Basisentwicklung, gleiche Schwankungsbreite mit gleichen positiven Anteilen. Den Typus eines sterbenden Gletschers zeigt das Lenksteinkees mit seinen von Abschnitt zu Abschnitt sinkenden E-Werten, (11,4—7—4—4) und dem schwächsten, nur durch unscheinbare positive Anteile als solchen zu wertenden Vorstoß. Nur wenig günstiger steht es mit dem Blümlisalpgletscher, der in den Folgejahren die überhaupt kleinste Entwicklungszahl aufweist und mit zunehmender Spitzenzahl einem erlahmenden Pendel gleicht; Rotmoos- und Spiegelferner zeigen einen ähnlichen Zustand.

Von besonderem Interesse ist natürlich die Änderung der Indizes am Übergang von der Vorphase zum Vorstoß. Um darüber Aufschluß zu gewinnen, wurden Spitzenzahl und Entwicklungswert für die letzten vier Jahre vor dem Vorstoß gesondert ermittelt und in Vergleich mit denselben Werten für die ganze erfaßte Vorphase gestellt, auf 10 Jahre umgerechnet. Es wurden dafür nur die Gletscher mit lückenloser Registrierung des Überganges verwendet, von anderen nur Lötschen- und Fiescherglescher mit herangezogen, deren einjährige Lücke sich nach den ähnlich gelagerten Gletschern Aletsch und Rhône interpolieren ließ. Die Tabelle 9 bringt die Indizes für je 10 Gletscher mit stärkerem bzw. schwachem Vorstoß und ihre Zusammenfassung. Im Gesamtmittel nimmt demnach in den vier den Vorstoß vorangehenden Jahren die Spitzenzahl zu, die Entwicklungszahl ab, und zwar in 15 von 20 Fällen. Das Verhältnis 3,7 : 3,0 bedeutet zwar nur eine partielle Vergrößerung der Spitzenzahl, s i e i s t a b e r e i n S y m p t o m f ü r d i e w a c h s e n d e

Tabelle 9

Gletscher	Spitzenzahl		Basis-entwicklung		Gletscher	Spitzenzahl		Basis-entwicklung	
	4 Jahre, ganze	Vorphase	4 Jahre, ganze	Vorphase		4 Jahre, ganze	Vorphase	4 Jahre, ganze	Vorphase
Lavaz	3,7	2,9	20	29	Blümlisalp	3,7	2,9	5	28
Kartigel	3,7	2,8	20	23	Stein	5,0	4,1	38	34
Kehlefirn	3,7	3,1	22	60	Fiescher	5,0	3,8	12	3
Hüfi	3,7	2,7	3	10	Sardona	3,7	2,0	5	3
Rhône	2,5	2,5	14	9	Turtmann	3,7	2,7	32	51
Lötschen	2,5	3,3	8	37	Morteratsch	3,7	2,1	17	36
Zigiorenove	3,7	2,2	26	49	Gaisberg	5,0	5,0	22	58
Saleina	3,7	3,6	27	20	Diem	3,7	3,3	27	25
Grd. Desert	5,0	3,3	25	48	Lenkstein	2,5	3,6	65	11
Ferpècle	3,7	3,3	55	47	Summe	85,6	64,2	452	606
Martinez	3,7	4,0	12	2	je Gletscher	3,9	2,9	3,9	2,9
Grießen	5,0	3,0	12	12					
Puntaiglas	5,0	3,0	11	11					

Unruhe, die den Gletscher vor dem Vorstoß beherrscht, deren Ursache wir ja im vorangehenden (S. 47) in der Summierung von Impulsen gefunden zu haben glauben. Solche Erscheinungen wurden auch beim Vorstoß des Vernagtferners i. J. 1897 von H. Heß (S. 297) und S. Finsterwalder[22] beobachtet. Messungen in der Lage der Zungenwurzel ergaben eine Zunahme der Geschwindigkeit, deren Wellen rasch das Zungenende erreichten, das aufgewölbt wurde, während frontal noch der Rückzug anhielt. Die Schwellung verstärkte sich in den folgenden Jahren unter mehrfachen Druckwellen (Zunahme der Geschwindigkeit), womit der faktische Vorstoß einsetzte. Auch vom Rhônegletscher (1899) und vom Oberen Grindelwaldgletscher (1912) wird solches berichtet[23].

Bei schwachen Vorstößen ist die Zunahme der Spitzenzahl größer, die Abnahme der Entwicklungszahl kleiner als bei starken. Diese Verhältnisse können als eine Art Prognose für den Charakter des kommenden Vorstoßes gewertet werden, der ja keine wesentliche Änderung in der Struktur gegenüber der der Vorphase vollzieht, sondern eine Intensivierung erfährt. Wie bei Charakterisierung der Vorstoßformen erklärt wurde, setzen sich die Formen und Lagen der Wachstumsspitzen aus der Vorphase in den Vorstoß fort, besonders bei den Typen 1, 4, 5. Hiebei ist die Schwankungsbreite wegen der Emporhebung der Kurve zur Basis im allgemeinen geringer als vorher. Diese Konnexe zusammenfassend wird man vielleicht sagen, daß eine durch mehrere Jahre beobachtete Zunahme der Spitzenzahl bei Abnahme der Basisentwicklung und Schwankungsbreite im Vergleich mit einer größeren Zahl vorangehender Jahre einen bevorstehenden Vorstoß andeutet. Sieht man sich die Diagramme etwa der Gletscher Trient, Zigiorenove, Grd. Desert, Fiescher, Lötschen, Rhône, Kartigel, Hüfi, Diem und Gaisberg an, so treten diese Beziehungen auch graphisch deutlich heraus. Die Abb. 5 will ein charakteristisches Bild dieser Veränderung in Diagrammverlauf vorlegen.

Die Möglichkeit der Prognose eines Vorstoßes ist mit der organoiden Natur der Gletscher gegeben, die dann und wann gleichsam einer durch eine Klimaschwankung herbeigeführten epidemischen Schwellung unterliegen, die je nach der individuellen Konstitution stärker oder schwächer auftritt, rascher oder langsamer verläuft.

7. Die meteorologische Komponente

Für die sekundären Vorstöße, die in den ersten Jahrzehnten unseres Jahrhunderts weniger physiognomisch, sicher aber aus den regelmäßigen Nachmessungen festgestellt werden konnten, war natürlich eine, wenn auch nur vorübergehende und wenig fühlbare Klimaänderung Voraussetzung, die sich in einer Erniedrigung der Sommertemperatur oder in der Zunahme der festen Niederschläge oder — wie in den allermeisten Fällen — infolge der engen Beziehungen zwischen Bewölkung und Temperatur — sich in beiden äußerte. Das verhältnismäßig rasch auftretende Plus in der Ernährung zeigt sich in unseren Diagrammen weniger in der Zunahme der Schwankungsbreite als in einem steigenden positiven Anteil derselben, der im Vorstoß im Mittel von 39 Gletschern über 92% ausmacht, während die übrigen 8% auf episodische Spitzen entfallen, die überhaupt nur bei 7 Gletschern im Vorfeld, bei 16 in den Folgejahren vorhanden sind. Man kann daraus gut entnehmen, wie der Vorstoß gleichsam überraschend eintritt, nach seinem Ablauf aber noch Nachwirkungen ausübt, die freilich keineswegs von der Intensität des Vorstoßes abhängen, der ja die Beeinflussung durch eine meteorologische Gunstlage wieder verloren hat.

Das Bild der Diagramme läßt stellenweise große Ähnlichkeiten erkennen, die namentlich während des Vorstoßes auffallen, scheinbar also meteorologisch miterzwungen wurden: Die Mt. Blancgletscher Saleina und Trient weisen wiederholt ganz konträre

Spitzen auf, während des Vorstoßes aber einen gleichartigen Gang und später wieder ab 1931; Stein- und Blümlisalpgletscher haben bis 1905 ein entgegengesetztes Bewegungsbild, dann aber zeitweise, den Vorstoß einschließend, e i n g a n z p a r a l l e l e s. Während ihres Vorstoßes von 1915 bis 1925 zeigen die Ötztaler Gletscher Gaisberg, Rotmoos und Langtaler einen v ö l l i g g l e i c h e n G a n g, ebenso die kleinen Gletscher Lenkstein, Rieser und Tristen, die allerdings als Drillinge eines einst geschlossenen Gletschers eine gleichartige Konstitution mitbekommen haben; das trifft ja auch für die oben genannten Gurgler Gletscher und die — soweit uns der Vorstoß bekannt ist — sich ähnlich verhaltenden Stubaier Ferner Grünau, Daunkogel und Fernau zu. Aber das sind nur ganz wenige Beispiele, die eigentlich die Regel bestätigen, daß sich im Gange so vieler Gletscher nur episodisch eine Übereinstimmung ergibt (selbst bei den sehr ähnlichen Groß- und Kleinelendkeesen), sonst aber Verschiebungen, Extreme und Durchkreuzungen im Verlauf der Diagramme weitaus vorherrschen. Die Gletscher Gorner und Allalin weisen bis 1915 eine ungefähre Parallelität auf, dann aber macht letzterer einen kräftigen Vorstoß, während ersterer in eine Depression absinkt. Beim Grd. Desert und dem Pet. Plan Nevè derselben Gebirgsgruppe wird der halbwegs parallele Verlauf durch eine Reihe von Kontraststellen gestört, während die einander benachbarten Arolla und Valsorey überhaupt keine Ähnlichkeit aufweisen. Im Berner Oberland verhalten sich die großen benachbarten und ähnlich gelagerten Gletscher Aletsch und Fiescher durchaus fremd, während ersterer massive Wachstumsspitzen aufsetzt, bleibt letzterer fast ohne Entwicklung und beim Lötschengletscher ist es nicht anders. Die benachbarten Gletscher Hüfi und Brunni kreuzen ihre Entwicklungslinien ab 1920, ebenso Lavaz und Sardona, so wie die Berninagletscher Forno und Palü; der Morteratschgletscher behält seine wenig schwankende Tendenz von 1900 bis 1935 bei und begleitet den rasanten Vorstoß des benachbarten Roseg nur mit unbedeutenden Wachstumsspitzen. Die Änderungen der Geschwindigkeit — auf diese gingen wir als auf eine von der Eistiefe abhängige Erscheinung nicht ein — sind durchaus nicht ausschließlich meteorologisch zu erklären; selbst die kleinen, innerhalb weniger Tage sich abspielenden Schwankungen der Bewegung des Rakiotgletschers (Nanga Parbat) haben nach R. F i n s t e r w a l d e r ein „Pulsieren", aber keine klimatische Ursache, sondern gehen auf Druckerscheinungen zurück. Auffallend ist, daß selbst die Ausbrüche subglazialer Wasserbecken aus dem Puntaiglasgletscher ohne Übereinstimmung mit den vorangehenden Niederschlägen, sondern periodisch aus morphologischer Ursache erfolgen (R. K l e b e l s b e r g).

Auch in zeitlicher Hinsicht sind die Differenzen zwischen den einzelnen Gletschern eindrucksvoll: Die Gletscher im Unteren Wallis — soweit sie in unserer Liste aufgenommen sind — beginnen in verschiedenen Jahren zwischen 1909 und 1919 vorzustoßen (von J. M a u r e r gleich datiert), die des Berner Oberlandes zwischen 1905 und 1917, die wenigen Ötztaler, die verwertet werden konnten, zwischen 1909 und 1929. Und so schwankt auch die Dauer des Vorstoßes innerhalb relativ langer Zeiträume: Beim Oberen Grindelwald 9 Jahre, beim Unteren 20 Jahre, obwohl ersterer eine doppelt so große positive Schwankungsbreite aufweist; bei den Gletschern der Monte Rosa-Gruppe liegt die Dauer unter 10 Jahren, in der Bernina vielleicht noch niedriger, nur wenig höher in den Berner und Ötztaler Alpen, immer unbeschadet der Schwankungsbreite und deren positiven Werten. I. J. 1928 wird berichtet, daß der Langtaler Ferner zwischen den zurückgegangenen Fernern Bachfallen und Lüsenser stark vorgestoßen war. Der kräftig gewachsene Bockkogel- und der stark zurückweichende Schwarzenbergferner der Stubaier Alpen stehen sogar in unmittelbarem Zusammenhang.

Diese Liste ließe sich im einzelnen noch vermehren, es genügt aber offenbar, damit zu zeigen, daß benachbarte, gleichgelagerte, derselben Gruppe angehörende Gletscher, sich in dem zeitlich gar nicht eng begrenzten Vorstoß zwischen 1910 und 1925 ganz ungleichartig verhielten, ungleichartig nach Termin, Intensität und Form. „Die vorrückenden Gletscher waren verstreut auch innerhalb einer Gruppe, bald dieser, bald jener führte einen Vorstoß aus, auch die Intensität dieser Vorstöße war bei den einzelnen Gletschern verschieden" (Machatschek—Drygalski). Aus solchen Erfahrungen heraus hat schon vor 60 Jahren Ed. Brückner[24] betont, daß die Schwankungen der Gletscher wegen deren individuellen Eigentümlichkeiten nicht ohne weiteres zur Feststellung von Klimaschwankungen verwendet werden dürfen. Er weist dabei auf eine im schweizerischen Alpinen Museum in Bern ausgestellte Tabelle H. Dübys hin, in der die Schwankungsdiagramme von vielen Schweizer Gletschern im 19. Jahrhundert nur die große Tendenz des Rückganges seit 1820, bzw. 1850 bis 1890 einheitlich darstellen.

Nach all dem scheint es kaum mehr zweifelhaft zu sein, daß nicht nur die Änderungen im Firnauftrag einer morphologischen Differenzierung unterliegen, sondern auf dem ganzen Wege bis zum Zungenende hin. Immerhin muß noch ein Vergleich der Messungsdiagramme mit den meteorologischen Reihen von Hochgebirgsstationen mit dem Ziele unternommen werden, zu erkennen, ob diese annähernd gleiche Phasen aufweisen. Leider kommen dafür nur einige Bergstationen, nämlich solche mit längeren und möglichst lückenlosen Reihen, in Betracht. Für die Ostalpen stellt das Sonnblick-Observatorium solche für Temperatur und Niederschlagsmenge seit 1896 zur Verfügung[25]; sie sind zweifellos repräsentativ für die nahegelegenen Gletscher Pasterze, Goldberg, Groß- und Kleinelend. Aber nur für den erstgenannten Gletscher liegt eine lange, leider gerade während des Vorstoßes um 1920 unterbrochene Reihe von Nachmessungen vor. Auf den gleichen Zeitraum bezogen weist die Pasterze mehr Wachstumsspitzen auf als die Niederschlags- und die Temperaturkurve des Sonnblicks, die selbst voneinander nur wenig abweichen. Aber es kommt wohl weder die eine noch die andere für sich allein in Frage, sondern eine Kombination beider, etwa in der Form des Trockenheitsindex $\dfrac{N}{T+10}$ nach E. Martonne[26], der als brauchbarer Relationswert angesehen wird; dabei bedeutet N den Jahresniederschlag (in Sonnblickhöhe durchaus Schnee), T die mittlere Julitemperatur, vermehrt um $10°$ (nur um negative Zahlen zu vermeiden). Die Trockenheitskurve weist im früheren Abschnitt (bis 1920) und im späteren je drei Wachstumsspitzen weniger als die Pasterzenkurve auf, im Verhältnis 7:4, bzw. 8:5. Der Trockenheitsfaktor beträgt für die Zeit von 1901 bis 1914 im Mittel 131, er sinkt aber stufenweise ab und liegt in den ersten zwei Jahrzehnten bei 159, in den beiden folgenden bei 126, ab 1940 nur mehr bei 87, ein Zeugnis für die abnehmende Niederschlags- und zunehmende Strahlungskomponente. Daher erhalten wir rechnungsmäßig im Frühtermin 4,4 für die Pasterzenspitzen und 2,9 für die Trockenheitskurve, im späteren Termin 3,64 bzw. 2,8 (pro Jahrzehnt). Während sich die Zahl der Spitzen in der Trockenheitskurve kaum geändert hat, nahm die Zahl der Spitzen in der Pasterzenkurve beträchtlich ab.

Es wurde im folgenden versucht, durch eine jährliche Verschiebung der Nachmessungsdiagramme einiger Gletscher nach dem Beginn der Trockenheitskurve einen gleichen Gang beider zu finden, wobei sich eine wechselnde Zahl von Kontrastspitzen (also extremen Ständen) ergab:

Verschiebung	Pasterze	Goldberg	Großelend
1 Jahr	10	2	5
2 Jahre	8	6	11
3 Jahre	11	<u>2</u>	4
4 Jahre	10	6	2
5 Jahre	<u>7</u>	—	<u>6</u>

Eine Übereinstimmung liegt nirgends vor, man kann allenfalls feststellen, wann eine solche am ehesten erreicht ist (unterstrichen). Dies trifft bezeichnenderweise mit dem größeren Empfindlichkeitsindex früher ein in der Reihenfolge Goldberg—Großelend—Pasterze.

In der neuen „Klimatologie der Schweiz" ist eine Anzahl langjähriger Temperaturreihen von Hochgebirgsstationen veröffentlicht[27], von denen Bever (1712 m) leider zu niedrig gelegen ist, um den Gletscherregionen der östlichen Schweiz zu entsprechen. Die Trockenheitskurve dieser Station zeigt nur wenige und schwach differenzierte Spitzen, so daß ich von einer Benützung absehen mußte, aber die Station Großer St. Bernhard (2470 m) erfüllt vortrefflich die Voraussetzungen[28]. Stellen wir die einschlägige Trockenheitskurve mit einer 1- bis 5jährigen Vorverlegung dem Schwankungsdiagramm gegenüber, so ergeben sich folgende Vergleichszahlen:

Vorverlegung in Jahren Gletscher	1	2	3	4	5	Summen
Gorner	8:7	11:5	10:8	12:7	9:5	50:32
Allalin	9:3	8:7	8:7	10:6	12:3	47:26
Turtmann	10:7	9:6	9:5	6:7	12:5	46:30
Zigiorenove	7:7	8:4	8:6	8:7	8:6	39:30
Zinal	13:3	8:9	12:3	11:6	7:6	51:27
Saleina	13:4	7:8	10:6	9:6	7:6	46:30
Grd. Desert	9:4	8:7	6:9	5:5	9:4	37:29
	78:43	68:52	73:41	75:48	77:38	316:204

Es ist mehr ein zufälliges Zusammentreffen, daß bei dem einen oder anderen Gletscher einmal mehr Übereinstimmungen als Kontraste in der Deckung der beiden Diagramme vorkommen. In der Summe überragt die Zahl der Kontraste die der Übereinstimmung bei jedem Gletscher und in jedem Vergleichsjahr im Verhältnis von 8:5. Aber im zeitlichen **Abschnitt des Vorstoßes für sich überwiegen die Übereinstimmungen** in auffallendem Maße, so beim Allalin 2:1, beim Zigiorenove 3:1, beim Zinal 3:2, beim Saleina 5:1, weniger beim Turtmann und Grd. Desert. Es sind fast durchaus Gletscher mit großer Schwankungsbreite bereits in der Vorphase; eine weitergehende Übereinstimmung und damit eine Dominanz der meteorologischen Einflüsse ist für Vorstöße säkularen Ausmaßes wohl anzunehmen.

Es ist schon einige Male hervorgehoben worden, daß die primäre Grundlage für die in dieser Arbeit behandelten Erscheinungen des Gletscherlebens die meteorologischen Bedingungen abgeben, die von den glaziometrischen Faktoren in bestimmte Bewegungserscheinungen gezwungen werden. Es ist naheliegend, daß dies in erster Linie beim Potential der Fall ist, das von Schneemenge und Strahlungsintensität beeinflußt ist und bei einer positiven Bilanz der Ernährung mehr und mehr von dieser beherrscht wird. Denn der Jahresniederschlag nimmt nach Quantität und Qualität (womit ich den festen Anteil meine) mit der Seehöhe zu, die Nährfläche wird durch die Vereinigung mit sonst selbständigen Firnfeldern vergrößert, früher hemmende subglaziale Felssporne verlieren ihre Wirkung, während andererseits die Albedo durch Hebung der Zunge verstärkt wird. Ein auch nur schwacher Vorstoß, wie der im 2. Jahrzehnt unseres Jhs., zeigt, wie sehr in ihm die Schwankungsbreite, vor allem die mit positiven Werten, zunimmt, während die Spitzenzahl als Exponent des Reliefs gegenüber der Vorphase und den Folgejahren abnimmt. Vom Vorfeld zum Vorstoß wuchs der positive Anteil im Mittel von 30, bzw. 39 Gletschern von 14 auf 788, während die Spitzenzahl von 3,6 auf 2,7 zurückging. Man kann sich daher vorstellen, wie sehr die meteorologischen Grundlagen während eines säkularen Vorstoßes das Potential okkupieren.

Auch in der Sparte des Empfindlichkeitsindex scheint es fast regelmäßige Beziehungen zu geben. Es wurde schon darauf hingewiesen, daß H. Heß mit seiner Vermutung, daß mit der größeren Empfindlichkeit ein früheres Einsetzen des Vorstoßes innerhalb einer Gruppe verbunden ist, recht hatte. Ich habe mit der von mir vertretenen Formel diese Beziehungen nicht in gleich hohem Maße bestätigt gefunden, wenngleich in Rechnung zu stellen ist, daß der Eintritt des Vorstoßes am Ende des vorigen Jahrhunderts, mit dem es ja Heß zu tun hatte, bei vielen Gletschern nicht genau bekannt war. Ich glaube auch nicht, daß der genannte Koeffizient für sich allein den Anforderungen voll Rechnung

Tabelle 10

Gletscher	Vorstoßbeginn	Reihung	$\frac{E\ 10^2}{\%}$	Reihung	Fehler
Allalin	1915—1917	6	7,6	3	3
Turtmann	1915 bzw. 1913	3	5,6	4	1
Ferpècle	1915	4	2,7	7	3
Zigiorenove	1914	2	7,8	2	—
Saleina	1915	5	5,3	5	—
Grd. Desert	1913	1	30,0	1	—
Zinal	1919	7	3,3	6	1
			11,4		8
Morteratsch	1911	2	2,5	5	3
Roseg	1916	6	1,8	6	—
Porchabella	1909	1	4,7	2	1
Diem	1916	5	5,4	1	4
Gaisberg	1914	3	2,7	4	1
Lenkstein	1915	4	3,0	3	1
Pasterze	1919	7	0,8	7	—
			14,5		10
Stein	1911	1	3,7	5	4
Rhône	1913	4	3,2	4	—
Lötschen	1917	7	2,1	6	1
Fiescher	1915	6	1,3	7	1
Hüfi	1913	3	4,3	3	—
Kehlefirn	1914	5	8,1	1	4
Lavaz	1913	2	5,5	2	—
			14,5		10

Gesamtmittel 13,5%, ab 2% Fehlerquellen = 11,5%.

trägt; denn E ist die von den Gefällverhältnissen des Gletschers abhängige, direkt zur Stirn tendierende Energie, der sich die aus den Stauräumen des Firnfeldes kommenden Wachstumsspitzen (=Impulsen) störend entgegenstellen; je kleiner die Zahl der Wachstumsspitzen ist, um so mehr wird die Übertragung der Impulse fortschreiten können und ein starkes E wird diesen Widerstand leichter überwinden als ein schwaches. Die Beziehung $\frac{E\ 10^2}{V}$ entspricht dieser Abhängigkeit, wobei E den für die ganze Beobachtungsreihe gefundenen Wert bedeutet (die 2. Potenz dient nur der Vereinfachung des Resultates), die Gegenkraft V nur für die Vorphase gilt. Die Zahl der Gletscher, die für diesen Vergleich geeignet sind, ist freilich nur klein, da Vorphase und Vorstoß vertreten sein müssen und in manchen zutreffenden Fällen wiederum E nicht für die ganze Messungsreihe zur Verfügung steht. Es wurden nur drei Gruppen zu je 7 Gletschern zusammengestellt (Tab. 10).

Der Vorstoßbeginn wurde aus den Diagrammen unter Berücksichtigung einer Schweizer Gletscherliste angesetzt. **Das Ergebnis von $\frac{E\ 10^2}{V}$ ist für diese drei Gruppen nahezu gleich günstig**, im Mittel mit einer Fehlersumme von 9, die korrigiert einen Prozentsatz von 11,5 ergibt. Es wäre noch günstiger, wenn nicht einige Gletscher eine namhafte Unstimmigkeit aufwiesen.

Außer Beginn und Intensität des Vorstoßes interessiert wohl auch, welche Form letzterer annimmt, worüber wir ja schon oben eine Bemerkung einflochten. Es zeigte sich, daß bei manchen Gletschern die Wachstumsspitzen in der Vorphase ganz gleichartig sind und diese Erscheinung auch im Vorstoß und in den Folgejahren beibehalten. Es sei der besonderen Untersuchung vorweggenommen, daß diese Kontinuität nicht auf meteorologische Einflüsse zurückgehen kann, denn gleichgelagerte, nahe benachbarte Gletscher zeigen da eine ganz verschiedene Reaktion, so Fiescher und Lötschen, Trient und Saleina, Turtmann und Zinal. Die Wiederholung formgleicher Wachstumsspitzen auch im Vorstoß, wie sie besonders der Große Aletsch- und der Gornergletscher aufweisen, deren

Tabelle 11

Gletscher	Vorphase		Vorstoß			
	Spitzen-höhen	Spitzen-differenz	Spitzen-höhen	Spitzen-differenz		
Lenkstein	6, 8	2	11		22	16
Fiescher	4, 2, 6, 8	2, 2, 2	12, 11	1	22	10
Gaisberg	18, 7	11	9, 6, 14	3, 5	21	20
Stein	10, 14, 11	1, 3	11, 12, 14	1, 3, 14	33	20
Blümlisalp	10, 20, 10	10	11, 8, 16	3, 5	22	6
Diem	8, 12	4	20, 19, 16	3, 1	23	16
Turtmann	3, 5, 29, 18	13, 11	29, 28, 12	16, 1	14	16
Höchste Mittel			17		22	
Grd. Desert	12, 26, 30	8, 6, 4	20, 32	12	23	16
Ferpècle	8, 12, 21	2, 9	30		34	13
Rofenkar	19		15, 12, 30	13, 5	20	22
Zigiorenove	30, 18	12	20, 33	13	18	26
Höchste Mittel			31		24	
Saleina	7, 7, 10, 10	0, 3	39, 22	8, 9	26	18
Lavaz	19, 5	14	39		41	18
Rhône	8, 15	7	26, 25, 40	1, 14	30	12
Trient	11, 8	3	40		32	13
Zinal	22, 30, 5, 14	9, 8, 8	53, 9, 6	3, 44	36	19
Kartigel	24, 13, 4, 9	5, 4, 11	58, 21	37	36	20
Hüfi	27, 9, 8	1, 18	23, 60, 44	21, 16	36	13
Roseg	38, 17, 31	12, 2, 5	62		48	21
Lötschen	11, 21, 15	4, 6	87		31	24
Roßboden	3, 6, 8	3, 4, 24	15, 39, 105	4, 14, 64	19	32
Höchste Mittel			54		34	

Schwankungsdiagramme auch im ausgehenden 19. Jh. unter der Basis lagen, führt vielmehr zur Annahme eines morphologisch erfolgten Gusses. Die Wachstumsspitzen unterscheiden sich vor allem durch ihre Höhe und Vergesellschaftung bzw. Isolierung. Erstere muß wohl mit der Basisentwicklung, letztere mit dem Stauwinkel in Beziehung stehen. Es wurden daher jene Gletscher, von denen alle drei Abschnitte, Vorphase, Vorstoß und Folgejahre, registriert sind, hinsichtlich dieser Merkmale untersucht. Die Höhe der Wachstumsspitzen wurde aus dem Mittel der beiden Dreieckschenkel gewonnen, zur näheren Charakterisierung auch die Differenzen der Spitzenhöhen festgestellt (Tab. 11). Es ergab sich dann eine Reihe von Gletschern mit mehreren Wachstumsspitzen in der Vorphase und im Vorstoß, deren Differenzen geringfügig sind, und solche mit starken Differenzen, die im Vorstoß hohe Spitzen erreichen und in extremen Fällen in einer hohen Spitze vereinigt sind. Die Gegenüberstellung dieser beiden Gruppen lehrt sogleich, daß die kontinuierlich geformten kleine φ-Werte besitzen (zwischen $10°$ und $26°$), die kräftigen Vorstöße aber φ-Werte von $32°$ bis $48°$ aufweisen.

In einigen Fällen ist ein mächtiger Vorstoßblock tief gespalten, was sich vermutlich im Auftreten eines doppelten Endmoränenwalles (Dichotomie) ausdrücken wird. Vielleicht tritt nach der einem Vorstoß vorangehenden Summierung von Massen- und Druckimpulsen noch innerhalb des Vorstoßes eine mehrjährige Pause ein, bis sich der Vorgang wiederholen kann.

Ein Einfluß der mittleren Firnneigung a ist dabei weniger festzustellen, auch nicht ein solcher des V-Index; es ist vielmehr der Stauwinkel für sich, dessen Schleusen eine bestimmte Form der Wachstumsspitzen prägen. In eine Übergangsgruppe gehören Rhône-, Ferpècle-, Lavaz- und Trientgletscher; die Ausnahmen von der Regel fehlen nicht: Beim Roßbodengletscher wird das kleine φ wohl durch das größte a der verglichenen Gletscher paralysiert.

Die schwachen, sich kontinuierlich wiederholenden Wachstumsspitzen treten also bei Firnfeldern mit Abflußbegünstigung auf, während Stauwirkungen die extremen Fälle von Höhe und diskontinuierlichen Formen erzwingen. Mit großer Wahrscheinlichkeit läßt sich aus den (vergleichsweisen) **Höhen und Differenzen der Wachstumsspitzen in der Vorphase auf Intensität und Form des Vorstoßes schließen.**

In der vorliegenden Abhandlung wurde versucht, die aus den Messungsdiagrammen abgeleiteten Detailschwankungen mit den Formelementen von alpinen Gletschern in Beziehung zu setzen und daraus die Wirksamkeit dieser Faktoren zu erklären.

Dabei konnte festgestellt werden, daß die intuitiv verwendeten Formeln für die Indizes von Potential, Empfindlichkeit und Variation mit den Ergebnissen aus den Messungsdiagrammen in befriedigender Weise übereinstimmen. Damit kann auch eine Reihe von bisher vertretenen Ansichten über solche Erscheinungen rechnerisch bestätigt werden. Nach dem Gewicht der Koeffizienten aller drei Sparten wurden die Gletscher in bestimmte Gruppen eingeteilt. Durch die Gliederung der Schwankungsreihe in die drei zeitlichen Abschnitte der Vorphase, des Vorstoßes und der Folgejahre wurde die besondere Rolle des Vorstoßes aus der Änderung der Koeffizienten ermittelt, in weiterer Folge die Fragen nach dem Beginn, der Intensität und der Form des Vorstoßes mit Wahrscheinlichkeit beantwortet. An allen diesen fast regelmäßigen Beziehungen sind die morphologischen Voraussetzungen in höherem Maße als die meteorologischen beteiligt, deren Einfluß nach mehreren Methoden untersucht und als zweitrangig befunden wurde. Aber die Abschwächung der glaziometrischen Einflüsse während des Vorstoßabschnittes weist darauf hin, **daß im Falle eines stärkeren, besonders säkularen Vorstoßes die meteorischen Massenwirkungen über die fast unveränderlichen morphologischen dominieren werden.**

Anmerkungen

1. J. Duhn, „Der Flußbau", Bd. 1, Wien 1946.
2. Die Gletscher der Ostalpen, Stuttgart 1888.
3. Die Gletscher, Braunschweig 1904.
4. „Gletscherkunde" in Enzyklopädie der Erdkunde, Wien 1942.
5. Handbuch der Gletscherkunde u. Glazialgeologie, 2 Bde., Wien 1948, 1. Bd. S. 178.
6. Zeitschr. f. Gletscherkunde, seit 1950 Z. f. Gletscherkunde u. Glazialgeologie, Wien, gesammelte Berichte von R. v. Klebelsberg.
7. „Les variations périodiques des glaciers des Alpes suisses" im Jahrbuch des Schweizer Alpenklubs, seit 1922 „Die Alpen", Bern, meist von P. S. Mercanton.
8. Mitteilg. d. Geograph. Gesellsch. Wien, Bd. 83 (1940), S. 3.
9. Die Schneegrenze in den Gletschergebieten der Schweiz; Gerlands Beiträge zur Geophysik, 5. Bd. 1902, S. 3.
10. Die heutige Schneegrenze in den Ostalpen; Ber. des Naturwiss. medizin. Ver. in Innsbruck, 47. Bd 1939/46.
11. Die Lage der oberen Waldgrenze in den Gebirgen der Erde u. ihr Abstand zur Schneegrenze; Kölner geographische Arbeiten, 1955, S. 197.
12. Petermanns geograph. Mitteilg. 1961, S. 98.
13. Wärmeumsatz und Ablation auf Alpengletschern; Geografisker Annaler, Bd. 54, 1952.
14. In „Klimatologie von Österreich"; Denkschr. d. Österr. Akademie d. Wissensch., Wien 1958, Bd. 3, 1. Lieferg.; Strahlung.
15. Zur Problematik der Gletscherschwankungen; Jahr.-Ber. des Sonnblickver. 1949/50, S. 27.
16. Die Zunahme der Intensität der direkten Sonnenstrahlung mit der Höhe im Alpengebiet und die Verteilung der „Trübung" in den unteren Luftschichten; Meteorol. Zeitschr. 1939, Heft 5.
17. Die Bestrahlung geneigter Flächen durch die Sonne; Jahrb. der Z.-A. für Meteorol. u. Geodyn. in Wien 1950, Anhang 7, Tabelle 3/2.
18. „Die Alpen", 1929, S. 185.
19. „Die Alpen", 1925, S. 277.
20. Die größten nacheiszeitlichen Gletschervorstöße in den Schweizer Alpen u. in d. Mt. Blancgruppe; Z. f. Gletscherkd. 20. 1932, S. 269.
21. Die Gletscher der Ostalpen, S. 166.
22. Die Erscheinungen, welche einem Gletschervorstoß vorausgehen; Verhdlg. d. 13. D. Geographentages in Breslau 1901, S. 180.
23. Zeitschr. f. Gletscherkd., Bd. 12, S. 72.
24. Zeitschr. f. Gletscherkd., Bd. 4, S. 228.
25. F. Steinhauser. Die Meteorologie des Sonnblicks, 1. Teil; herausgegeben vom Sonnblickverein, Wien 1938.
26. „La Météorologie" 1920, S. 449—458; die Anwendbarkeit bestätigte E. Reichel.
27. Beihefte zu den Annalen der Schweizerischen meteorol. Zentralstation, Jahrgg. 1960, Lufttemperatur, von M. Schüepp, 2. Teil, Zürich 1961.
28. Die entsprechende Reihe der Jahresniederschlagsmenge wurde mir in entgegenkommender Weise von der Schweizerischen meteorol. Zentralstation in Zürich zur Verfügung gestellt, wofür auch an dieser Stelle bestens gedankt sei.

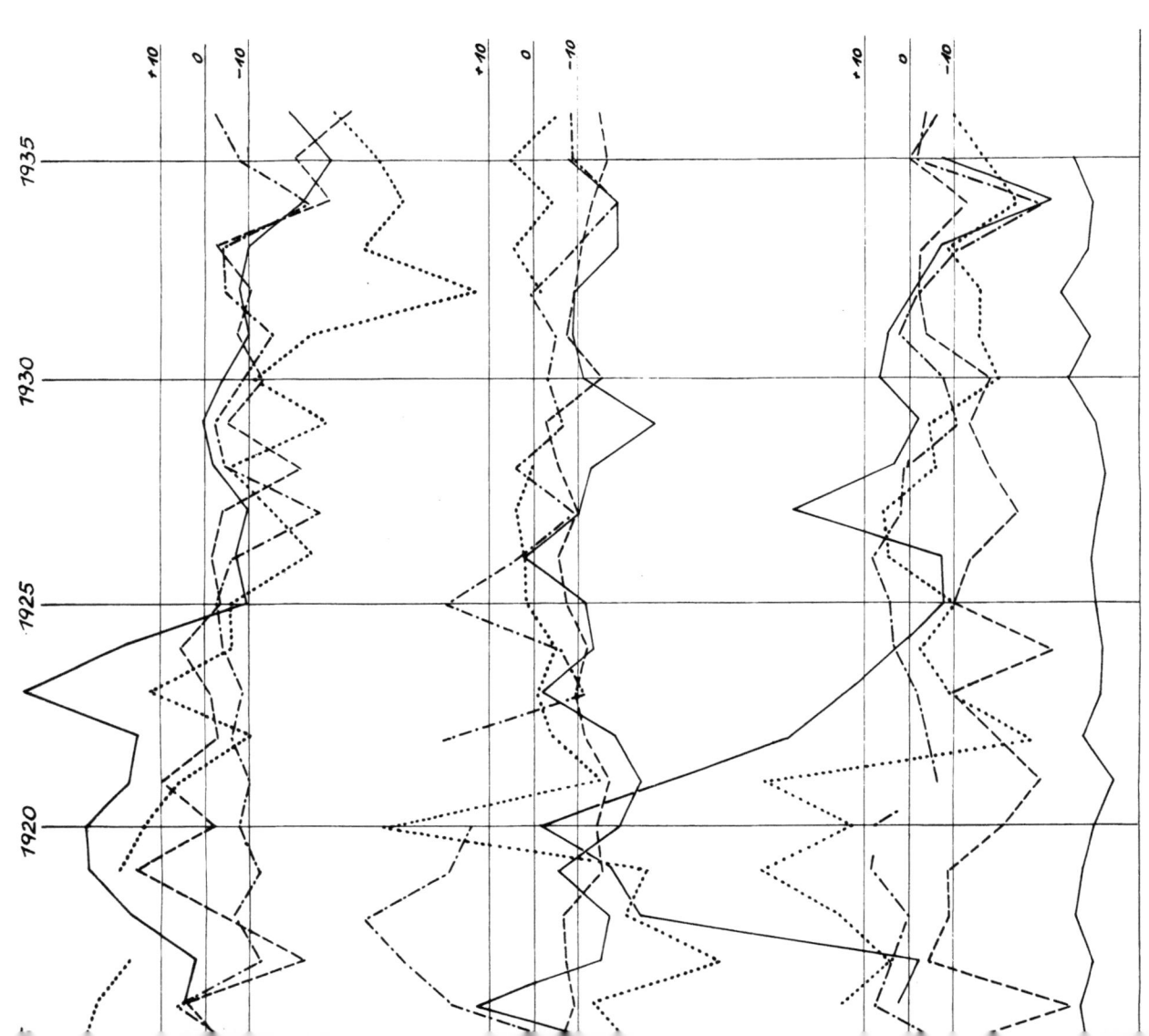

TAFEL I

Abb. 1,

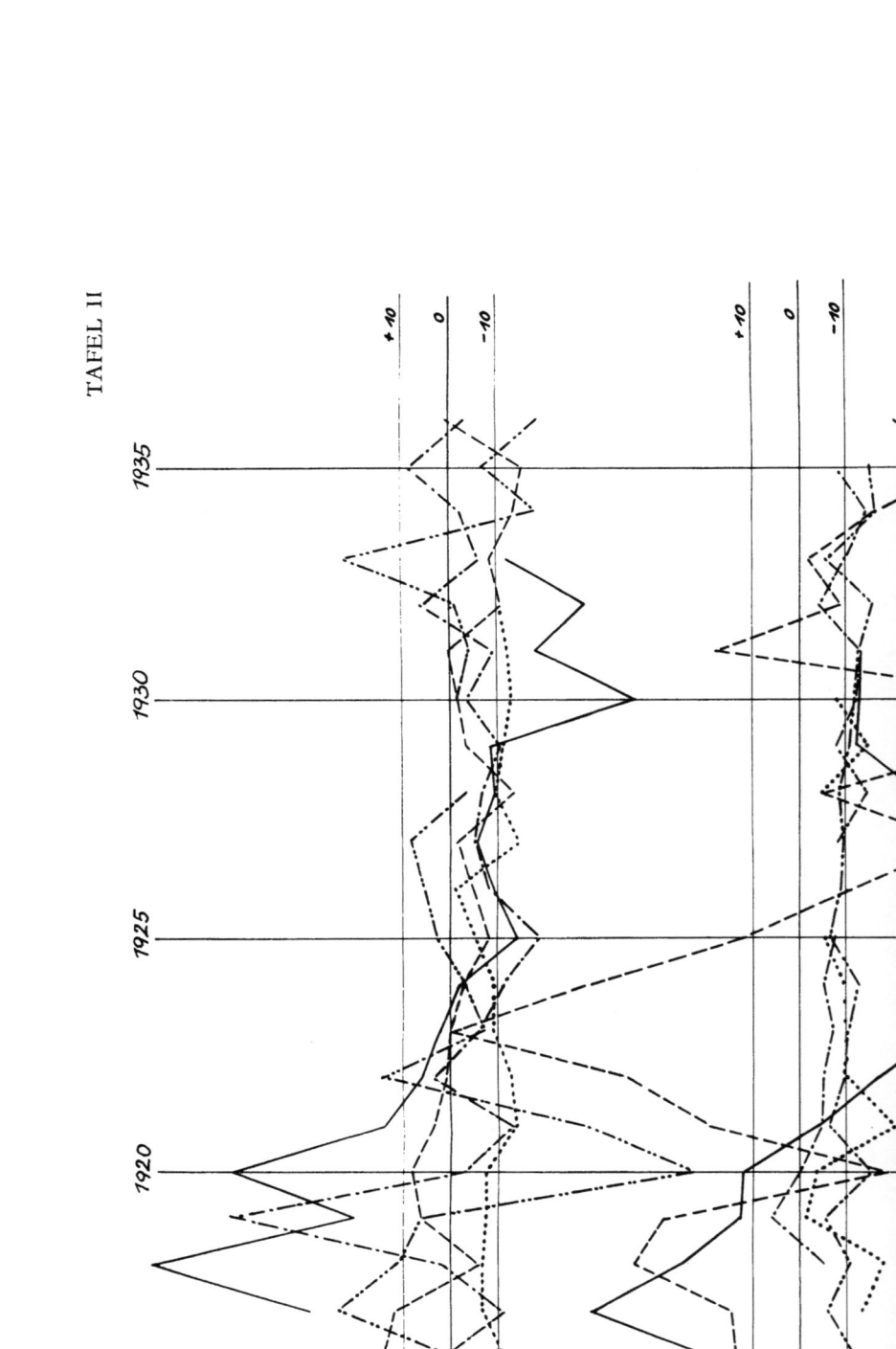

TAFEL II

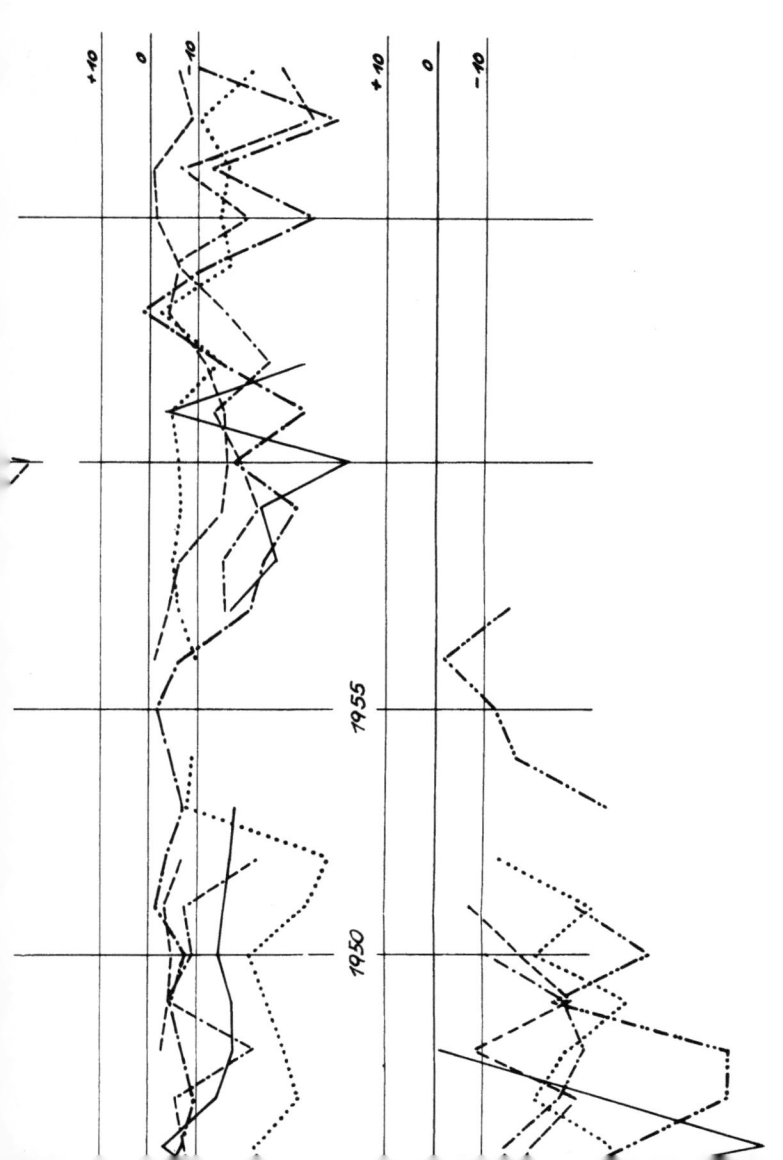

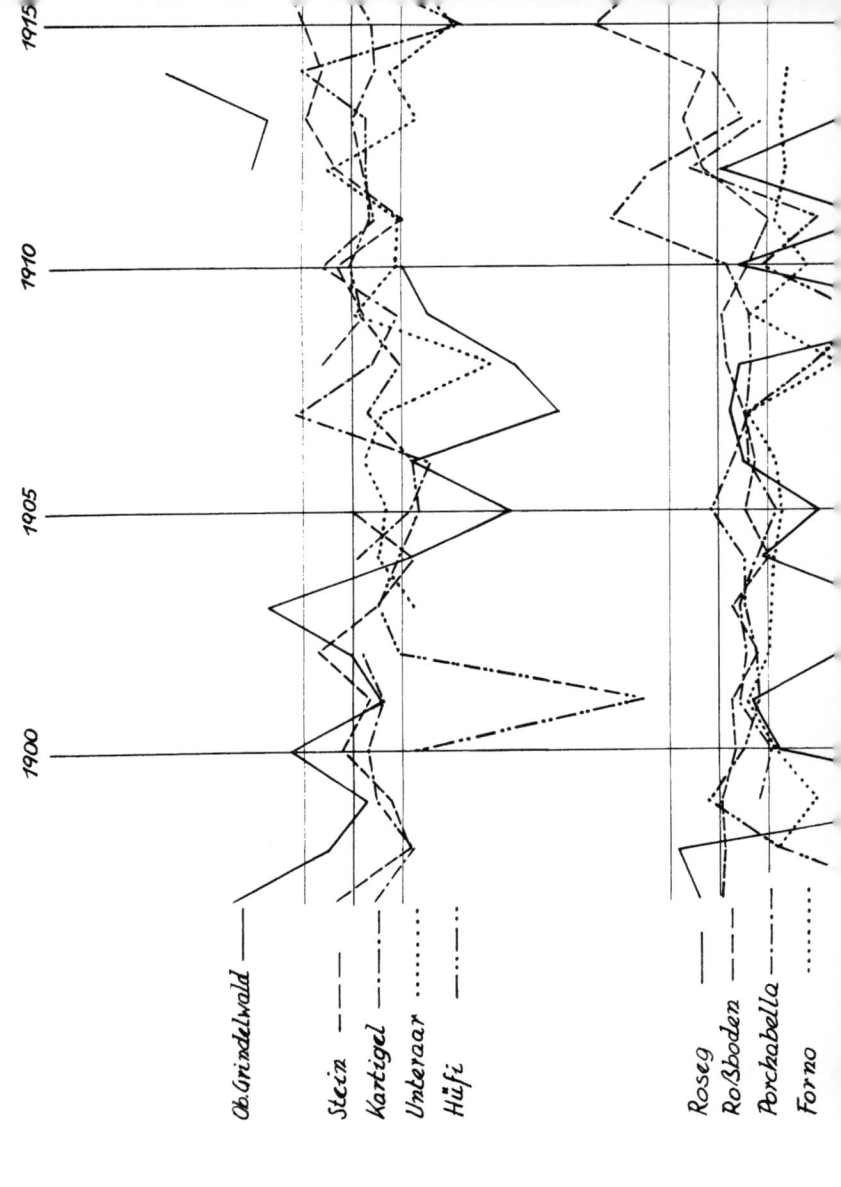

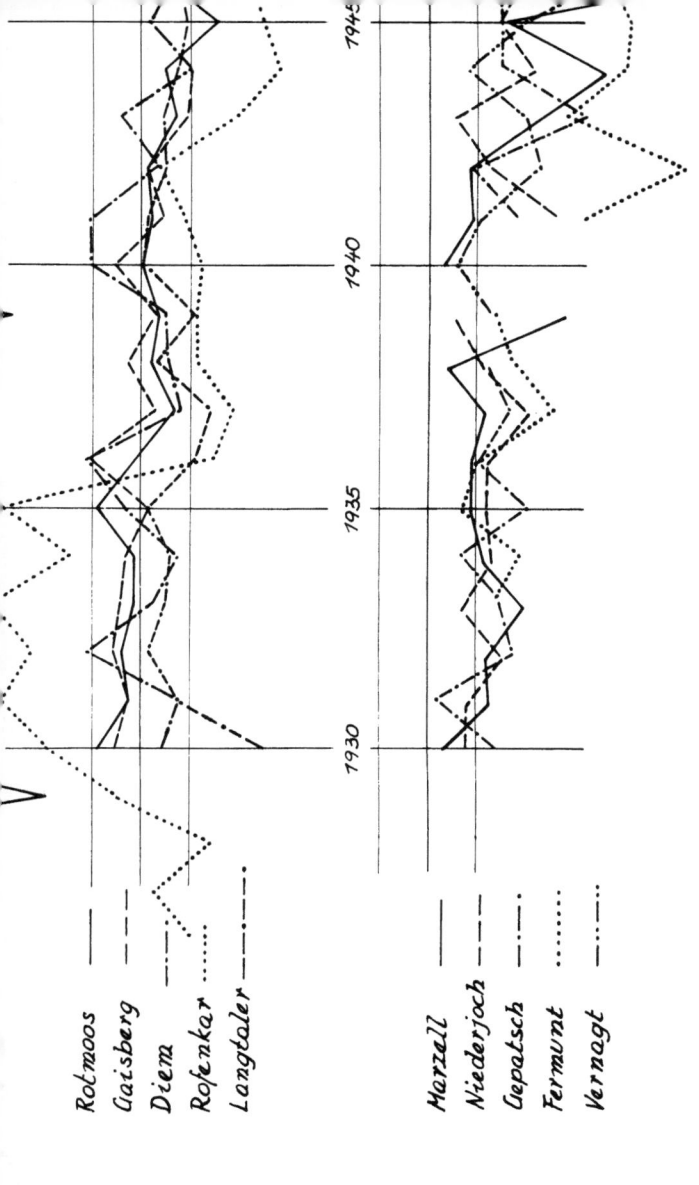

TAFEL III

3. Teil

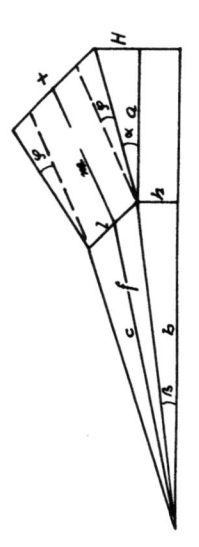

Abb. 3

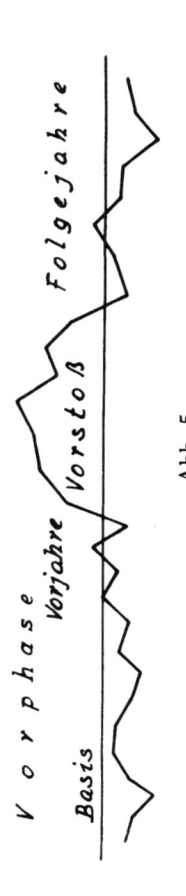

Abb. 5

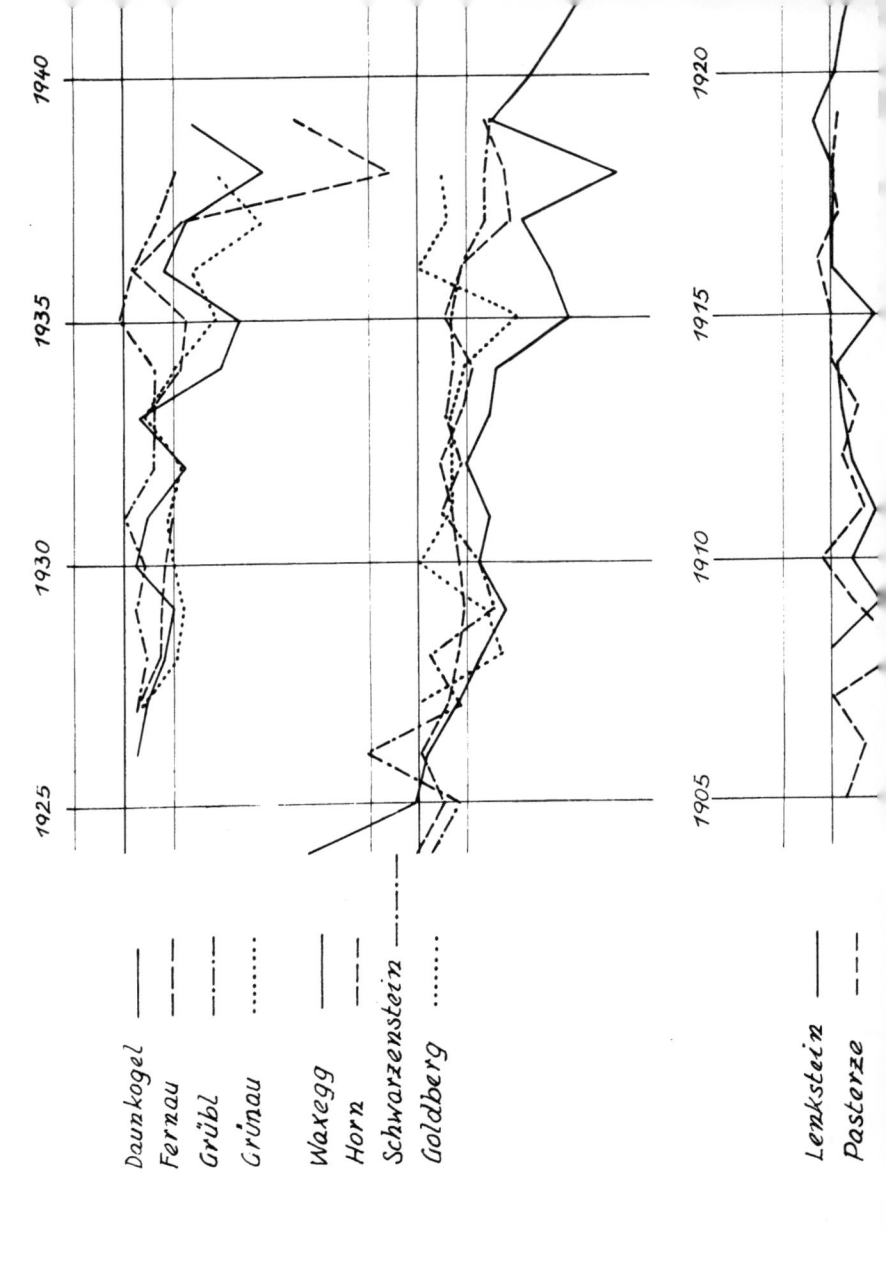

Trockenheitsfaktor Sonnblick

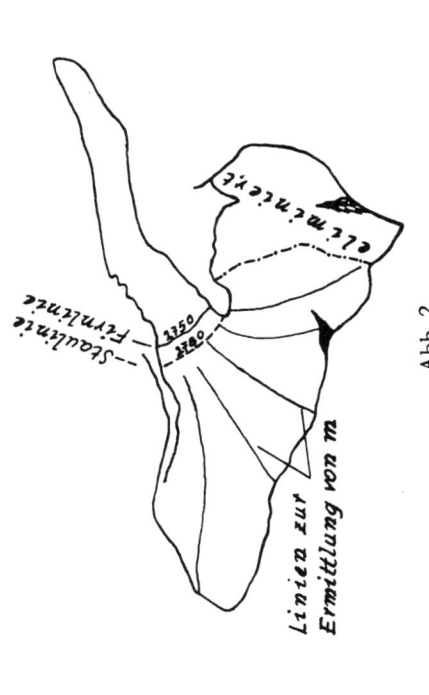

Linien zur Ermittlung von m

Abb. 2

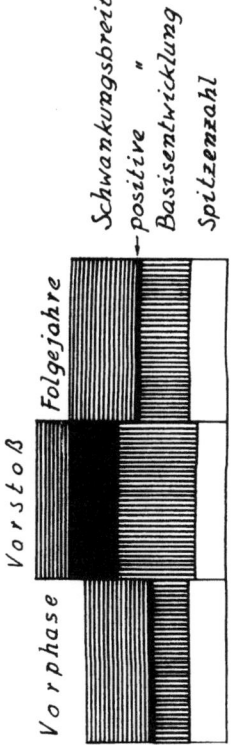

Vorphase | Vorstoß | Folgejahre

Schwankungsbreite
positive "
Basisentwicklung
Spitzenzahl

Abb. 4

If you have any concerns about our products,
you can contact us on
ProductSafety@springernature.com

In case Publisher is established outside the EU,
the EU authorized representative is:
**Springer Nature Customer Service Center GmbH
Europaplatz 3, 69115 Heidelberg, Germany**

Printed by Libri Plureos GmbH
in Hamburg, Germany